不确定复杂系统的混沌、分形及同步的控制

朱少平 著

科学出版社
北京

内 容 简 介

混沌、分形是非线性科学中两个很重要的分支，两者具有密切的联系。本书致力于介绍不确定复杂系统的混沌、分形及同步的控制理论、方法及其应用。本书主要内容包括混沌系统的最优控制、二次函数 Julia 集的控制、混沌系统同步、复杂网络同步、分数阶混沌系统及其控制、经济混沌系统的控制与同步等。

本书可供运筹学与控制论、控制科学与工程、自动化等专业的研究人员、研究生和高年级本科生参考，也可供控制系统设计工程师等相关工程技术人员阅读。

图书在版编目(CIP)数据

不确定复杂系统的混沌、分形及同步的控制/朱少平著. —北京：科学出版社，2019.11

ISBN 978-7-03-063349-1

Ⅰ. ①不… Ⅱ. ①朱… Ⅲ. ①混沌理论－控制论 Ⅳ. ①O415.5

中国版本图书馆 CIP 数据核字（2019）第 255792 号

责任编辑：李祥根 杨 昕 / 责任校对：赵丽杰
责任印制：吕春珉 / 封面设计：东方人华平面设计部

科学出版社出版
北京东黄城根北街 16 号
邮政编码：100717
http://www.sciencep.com
三河市骏杰印刷有限公司印刷
科学出版社发行 各地新华书店经销
*
2019 年 11 月第 一 版 开本：B5（720×1000）
2019 年 11 月第一次印刷 印张：10
字数：202 000

定价：70.00 元

（如有印装质量问题，我社负责调换〈骏杰〉）
销售部电话 010-62136230 编辑部电话 010-62135319-2032

前　言

长期以来，决定论基本上统治了科学界。决定论认为世界是有序的，是按照严格的定律来的，它的行为完全可以预测，由因果关系决定。科学家把宇宙看作一个巨大而复杂的机械装置，它遵守有序的数学规则，如果被启动，就完全按照预测的方式运动。例如，在经典物理学中，利用牛顿力学可以精确计算太阳系行星的轨道，并且准确预测日食和月食的时间。

20 世纪 60 年代以来，科学家对世界的认识发生了变化，特别是美国气象学家洛伦茨（Lorenz）在研究大气时发现，当选取一定参数时，一个由确定的三阶常微分方程组描述的大气对流模型变得不可预测了，这就是著名的“蝴蝶效应”。对于这个效应最常见的阐述是：南美洲亚马孙河流域热带雨林中的一只蝴蝶，偶尔扇动几下翅膀引起的气流变化，可以在两周以后引起美国得克萨斯州的一场龙卷风。这就是初值的敏感性导致过程的不可预测性，即混沌现象。混沌过程在相空间的轨迹可以无限地越来越细化且从不交叉，在几何上呈现一幅精美的分形图形。

混沌与分形是非线性科学研究的中心内容之一。混沌运动具有初值敏感性和长时间发展趋势的不可预见性，混沌控制就成为混沌应用的关键环节。由于与常规控制问题有许多不同，关于混沌系统控制问题的研究引起了人们的重视。近年来，人们认识到分数阶微积分在刻画自然界一些物理现象中的重要作用，对分数阶混沌系统的研究已受到国内外众多科学工作者的高度重视，在学术界掀起了研究高潮。

作者近年来一直从事混沌控制及其应用方面的研究工作，深感有必要结合该领域的新进展和新趋势撰写一部学术著作，对混沌系统、分形、分数阶系统相关控制理论与方法及其在经济方面的应用进行介绍，并希望本书的出版能够对该领域的研究及应用起到积极的推动作用。

本书的出版得到了西安财经大学学术著作出版基金项目［西财研发（2017）9 号］的支持和资助，在撰写过程中参考了许多同行的论著及其研究成果，在此一并表示衷心的感谢。还要衷心感谢西安理工大学钱富才教授、西安电子科技大学李俊民教授及亲朋好友的鼓励与帮助。

由于作者水平有限以及工作的局限性，书中难免存在不足，恳请广大读者批评指正。

目　录

第1章 绪　　论

英国著名理论物理学家霍金曾预言，21 世纪将是复杂性的世纪。这句话高度概括了 21 世纪理论科学面临的任务是处理各种复杂系统。实际上对复杂系统的研究已有几十年的历史，形成了不同的学术流派，如欧洲学派[1,2]、美国学派[3]、中国学派[4,5]等。各学派研究的侧重点不同，欧洲学派侧重于从能量和相变的角度研究复杂系统；美国学派侧重于从秩序和规则的角度研究复杂系统；中国学派侧重于从系统整体及系统与外部联系的角度研究复杂系统。

目前，复杂性研究不仅存在于如物理、化学、天文、气象等常用数理方法处理问题的学科领域，也给社会经济、生态环境等原本不常采用数理方法的学科领域带来了崭新的概念、思路和方法。研究表明，复杂系统中所涉及的一些基本特征，如非线性、分岔、混沌等，有非常强的普适性。这种非线性现象的普适性是复杂性研究具有强大生命力的一个重要原因，也是多学科交叉获得不断进展的重要基础。

20 世纪 70 年代末出现的非线性科学研究热潮极大地影响了复杂系统的研究。复杂系统中基本单元的相互作用必然导致其描述的数学模型具有非线性这个共性，非线性科学的兴起来自对这个共性的研究。研究结果表明，对于一个确定性非线性系统，不管其维数如何（自治的常微分方程要求维数不小于 3），出现混沌现象是相当普遍的[6]。混沌性质明确地指出了在确定性系统中完全可以出现类随机性质的解，这是认识论上的一个重大突破。

自 20 世纪 80 年代以来，非线性科学越来越受到人们的重视，数学中的非线性分析、非线性泛函，物理学中的非线性动力学，控制理论中的非线性控制理论，都有了飞速发展。非线性动力学的崛起，特别是其中的混沌运动的发展是 20 世纪下半叶自然科学领域比较重要的成就之一[7,8]，其影响涉及应用数学、力学、物理学、工程技术和社会科学等领域，因此非线性动力学已成为一门跨很多专业的重要的新交叉学科。因为自然现象和社会现象原本大多服从非线性规律，线性规律只是非线性规律的近似，所以非线性系统动力学远比线性系统动力学丰富。例如，非线性系统具有有限逃逸时间、多孤立平衡点、混沌、极限环、分频振荡、倍频振荡等现象，而线性系统没有这些现象。

在实际的工业生产过程及实验中，由于各种不可避免的因素，如系统运行环境的变化、测量误差及模型的近似化等，会出现一些不确定参数，使得一个动态系统不可避免地存在一些不确定因素。通常参数的变化范围是已知的，但是具体的取值是未知的。参数变化的存在使得响应系统与驱动系统产生了不同步现象，响应误差系统的稳定性变差，使系统设计和控制的难度加大。而时变参数的特性则使问题更加复杂，混沌系统作为非线性系统的一种特殊情况，在实际情况中也不可避免地会具有某些不确定性，因此不确定混沌系统的控制与同步研究有广泛的实际背景和现实意义。

1.1 混沌概述

1.1.1 混沌的起源与发展

混沌是由确定性规律确定但具有随机性的运动。由确定性规律确定是指系统的运动可以用确定的动力学方程描述，运动具有随机性是指其不像机械运动那样可以由某时刻的状态预言以后任何时刻的运动。混沌运动倒是像随机运动，其运动状态是不可预测的，Lorenz 把这种随机性称为“貌似随机”[9]。也就是说，这种随机性有别于概率论中研究的随机性。混沌理论揭示了自然界确定性与随机性的统一、有序与无序的统一，使人们对自然规律有了新的认识，成为人们了解神奇的自然界的一种新方法。

混沌的起源最早可追溯到 19 世纪。19 世纪末，人们认识到很多非线性微分方程根本没有显式解。虽然局部解可以用幂级数给出，但这一方法对于整体解将不再适用。为解决这一问题，法国数学家、物理学家 Poincaré 把动力系统和拓扑学两大领域结合起来，并通过一些具体的例子阐述了自己的思想[10,11]。这些思想成为当今混沌学的开端。后来，Birkhoff 发现了很多不同类型的长期极限行为，提出了极限集的概念，当今“动力系统”一词则源于他的工作[12]。Lyapunov 则为微分方程的稳定性理论奠定了基础[13]。

20 世纪上半叶，人们开展了大量有关非线性振子的研究工作[12]。Duffing 对具有非线性恢复力项的受迫振动系统进行了深入研究，揭示出许多非线性振动的奇妙现象，他提出的标准化动力学方程称为 Duffing 方程[14]；荷兰物理学家 Van der Pol 在研究电子管振荡器和模拟人的心脏搏动的基础上，建立了著名的 Van der Pol 方程[15]。Duffing 方程和 Van der Pol 方程都是现代混沌学中的典型方程。Lyapunov 和 Rabinovich 研究了平衡点的稳定性[16]；Andronov 和 Pontryagin 证明了微分方程系统在一个吸引点附近是结构稳定的[17]。

20 世纪 60 年代，Smales 从微分学和几何学的角度研究了微分方程的性质，把前人的结果加以统一并予以推广，提出了著名的马蹄理论[18]。对现代混沌学研究最具影响的是美国气象学家 Lorenz 的工作。Lorenz 在研究区域小气候时，把小气候系统的偏微分方程组化为有限个常微分方程组，得到下列方程组[19]：

$$\begin{cases}\dot{x}=a(y-x)\\ \dot{y}=-xz+cx-y\\ \dot{z}=xy-bz\end{cases}$$

式中，x 为对流运动的振幅；y 为对流时上升与下降流体的水平方向温差；z 为对流引起的垂直方向对无对流时的平衡态的偏离；a 为普朗特（Plandtl）数；c 为瑞利（Rayleigh）数；b 为与小气候区域范围大小、形状有关的量。用计算机求解此方程发现，当 $a=10,b=8/3$ 时，只要 c 超过 24.74，解就变得混乱不规则且很不稳定，敏感地依赖于初始条件。实际上，这样的解就是现在所说的混沌。

当系统参数 $a=10,b=8/3$，$c=28$ 时，取初始值 $x_0=0.1,y_0=0.2,z_0=0.3$，求解 Lorenz 方程组可得它的轨迹，如图 1.1 和图 1.2 所示。

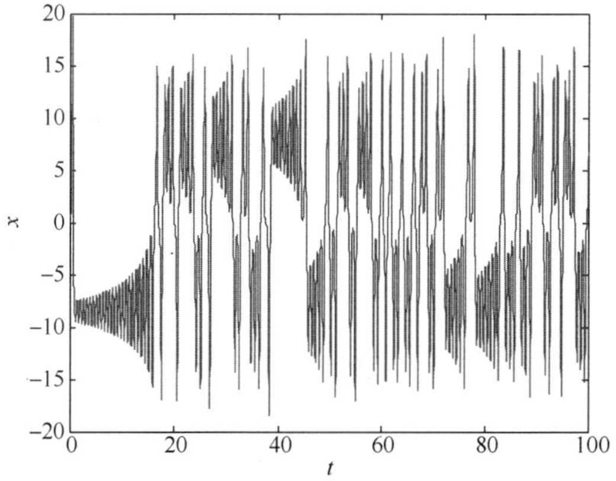

图 1.1　变量 x 随时间 t 变化的轨迹

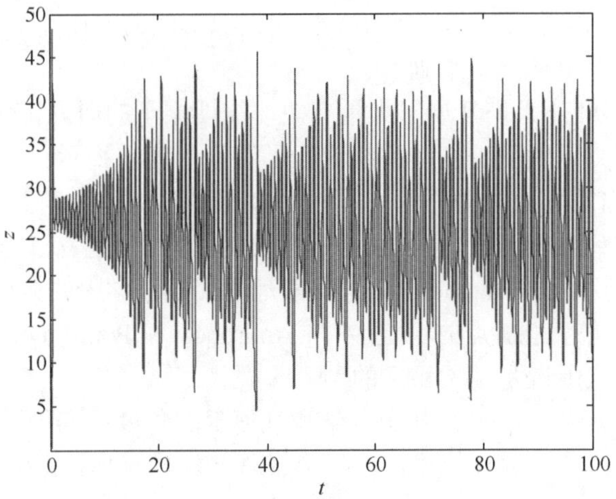

图 1.2　变量 z 随时间 t 变化的轨迹

从图 1.1 和图 1.2 可以看出，Lorenz 方程的解的轨迹呈剧烈振荡，但振荡不是周期性的。

20 世纪 70 年代是混沌科学发展史上的一个辉煌年代[19,20]。1971 年，法国数学家、物理学家 Ruelle 和荷兰学者 Takens 解释了湍流是如何形成非线性动力系统的，首次提出用混沌描述湍流的方法，通过严密的数学分析，他们发现了动力系统存在"奇怪吸引子"[19]。1973 年，日本京都大学的 Ueda 在用计算机研究非线性振动时，发现了一种杂乱振动形态，称为 Ueda 吸引子[21]。1975 年，华人数学家李天岩和他的导师 Yorke 发表的论文《周期 3 意味着混沌》，给出了闭区间上连续自映射的混沌定义，在文中首先使用混沌（chaos）这个名词，并为大家所接受[22]。1978 年，Feigenbaum[20]发现了一类周期倍化通向混沌的道路中的普适常数，并于 1980 年和 1981 年分别被意大利的 Franceschini 和美国麻省理工学院的 Linsay 加以验证[23]。

1979 年 Rössler 首先在四维 Rössler 系统中发现了超混沌[17]，此后人们在对经典混沌系统的研究中相继提出了超混沌 Lü 系统等一系列超混沌系统[25-30]，并研究了其非线性动力学特性。由于超混沌系统的 Lyapunov 指数至少有两个正的，低维的混沌系统的 Lyapunov 指数只有一个正的，所以超混沌系统具有更复杂的动力学特性，对其控制与同步的研究是一个富有意义和极具挑战性的工作。

奇怪吸引子的特点是其具有自相似结构。简单地讲，这种具有自相似的结构称为分形。分形结构是欧几里德几何学未曾讨论过的。数学家 Mandelbrot 在 1977 年出版了《分形：形状、机遇和维数》（*Fractal: Form,Chance and Dimension*）一书，1982 年又出版了《自然界的分形几何》（*The Fractal Geometry of Nature*）一书。这两本书的出版诞生了一门重要的学科——分形几何。Fractal 这个词来源于拉丁文 Fractus，它的原意是不规则的、支离破碎的物体。1980 年，Mandelbrot 用计算机作出了第一张 Mandelbrot 集的图像[31]。后来，Pritgen 和 Richter 共同研究分形流域的边界，作出了五彩缤纷、绚丽无比的混沌图像，也使混沌科学的应用范围得以拓广[32]。

1999 年，Chen 和 Ueta 发现了一种与 Lorenz 混沌系统类似，但具有不同拓扑结构的新型混沌系统，被称为 Chen 混沌系统[33]。2002 年，Lü 等发现了从 Lorenz 混沌系统过渡到 Chen 混沌系统的一种过渡混沌系统，即 Lü 混沌系统，随后又发现连接 Lorenz 混沌系统、Chen 混沌系统和 Lü 混沌系统的统一混沌系统[34]。

混沌运动的基本特征之一是运动轨道的不稳定性，表现为对初始条件的敏感依赖性。20 世纪 90 年代之前，人们虽然认识到混沌存在的客观性，但又觉得“有害”，所以在实际工作中想方设法回避这类“有害”现象。1990 年，Ott 等提出控制混沌的思想，并基于混沌轨道是由无穷多不稳定周期轨道构成的及混沌系统对初始状态和系统参数的极端敏感性两点事实，提出了控制混沌的一种参数微扰法，即著名的 OGY（Ott、Grebogi、Yorke）方法[35]。此后，有关混沌控制的研究得到了蓬勃发展[36-59]。

同步是自然界和人们日常生活中的一种基本现象。混沌同步指的是对于从不同初始条件出发的两个混沌系统，随着时间的推移，它们的轨道逐渐一致。20 世纪 90 年代初，Pecora 和 Carroll 指出相同混沌子系统间，在不同初始条件下，通过某种驱动（耦合），可以实现混沌轨道同步化，他们提出了一种混沌同步的方法[60]，简称 P-C 法。此后，有关混沌同步的研究得到了迅猛的发展[61-83]。

至此，混沌学的研究涉及当今几乎所有的自然科学，并且拓展到工程技术领域，甚至社会科学、经济、政治、文化、艺术和音乐等众多领域，使各学科之间的融合达到了一种新的境地。

1.1.2 混沌的定义

人们发现混沌运动并分析研究的时间已有半个世纪之久，混沌运动引起学术界的广泛兴趣，但作为科学术语，至今还没有被普遍认可的定义。下面是几个常见的定义。

定义 1.1 如果系统对初始条件具有敏感依赖性，则称系统是混沌的。

定义 1.2 如果一个系统所有李雅普诺夫（Lyapunov）指数之和小于零且至少有一个指数为正，则称系统是混沌的。

定义 1.1 既简单又直观，定义 1.2 在工程应用中比较常用。更具数学特点的定义是下面的定义 1.6 和定义 1.7。为此，先介绍一个定理和三个定义。

定理 1.1 设 $f(x)$ 是区间 $[a,b]$ 上的连续自映射，若 $f(x)$ 有 3 周期点，则对任意正整数 n， $f(x)$ 有 n 周期点。

定义 1.3 设 (V,d) 是度量空间，B 是 V 中的子集。如果 B 的闭包等于 V，则称 B 在 V 中稠密。设 $\{x_n|n=1,2,\cdots\}$ 是 V 中的点序列，如果对于每个点的 $a\in V$，存在收敛于 a 的子序列 $\{x_{n_k}|k=1,2,\cdots\}$，则称点序列 $\{x_n|n=1,2,\cdots\}$ 在 V 中稠密。

定义 1.4 设 (V,d) 是一个度量空间，映射 $f:V\to V$。如果对 V 上的任一对开集 X,Y，存在 $p>0$，使得

$$f^p(X)\bigcap Y\neq\varnothing$$

成立，则称映射 f 是拓扑传递的。

定义 1.5 设 (V,d) 是一个度量空间，映射 $f:V\to V$。如果存在 $r>0$，对任意的 $\varepsilon>0$ 和任意的 $x\in V$，在 x 的 ε 邻域内存在 y 和自然数 n，使得

$$d(f^n(x),f^n(y))>r$$

成立，则称映射 f 对初始条件是敏感的。

定义 1.6[84] 设 $f(x)$ 是闭区间 $I\subset\mathbf{R}$ 上的连续自映射，如果存在不可数集合 $S\subset I$ 并满足：

1）S 中不含周期点；

2）对于每个 $x,y\in S,\ x\neq y$，则有

$$\lim_{k\to\infty}\sup\left|f^k(x)-f^k(y)\right|>0$$

$$\lim_{k\to\infty}\inf\left|f^k(x)-f^k(y)\right|=0$$

3）对于每个 $x\in S$ 和周期点 $q\in I\ (x\neq q)$，有

$$\lim_{k\to\infty}\sup\left|f^k(x)-f^k(q)\right|>0$$

则称 $f(x)$ 在 S 上是混沌的。

该定义准确地刻画了混沌的三个性质：

1）混沌轨道的高度不稳定性；

2）存在所有阶的周期轨道；

3）存在无穷多个稳定非周期轨道，至少存在一个不稳定非周期轨道。

定义 1.7[85] 设 (V,d) 是一个度量空间，映射 $f:V\to V$，如果满足下列三个条件，便称 f 在 V 上是混沌的。

1） f 对初始条件敏感；

2） f 是拓扑传递；

3） f 周期轨道集在 V 中是稠密的。

1.1.3 混沌运动的基本特征

与其他复杂运动相区别，混沌运动具有自己的特征。混沌的主要特征归纳如下：

1）对初始值的敏感性。系统初始值极其微小的变化，能够使系统的输出产生本质的差异，这种特性被称为蝴蝶效应。

例如，对于逻辑斯谛（Logistic）映射 $f(x)=\mu x(1-x)$，当 $\mu=4$ 时，给定初始值 x_0 介于 0～1 之间，对函数进行迭代运算。利用 MATLAB 软件计算可以看出，迭代轨迹对初始值具有超强的敏感性。

取初始值分别为 $x_0=0.1$， $x_0=0.100001$ 时，迭代 20 次的迭代轨迹如表 1.1 所示。

表 1.1 迭代轨迹

序号	$x_0=0.1$ 时的迭代轨迹	$x_0=0.100001$ 时的迭代轨迹	二者的偏差
1	0.360000000000000	0.360003199996000	−0.000003199996000
2	0.921600000000000	0.921603583954560	−0.000003583954560
3	0.289013760000000	0.289001671986681	0.000012088013319
4	0.821939226122650	0.821918822302336	0.000020403820314
5	0.585420538734197	0.585473087389909	−0.000052548655712
6	0.970813326249438	0.970777405328148	0.000035920921290
7	0.113339247303761	0.113474538529987	−0.000135291226226
8	0.401973849297512	0.402392270541575	−0.000418421244062
9	0.961563495113813	0.961890924599883	−0.000327429486071
10	0.147836559913285	0.146627095089059	0.001209464824226
11	0.503923645865164	0.500510360299212	0.003413285565951
12	0.999938420012499	0.999998958129460	−0.000060538116961
13	0.000246304781624	0.000004167477818	0.000242137303806
14	0.000984976462315	0.000016669841802	0.000968306620513
15	0.003936025134734	0.000066678255672	0.003869346879062
16	0.015682131363489	0.000266695238729	0.015415436124760
17	0.061744808477550	0.001066496449514	0.060678312028036
18	0.231729548414484	0.004261436139350	0.227468112275134
19	0.712123859224412	0.016973105205521	0.695150754018892
20	0.820013873390967	0.066740075620812	0.753273797770155

容易看出，虽然初始值相差很小，但当迭代几次后，两条轨迹的偏差就越来越大了。

为了更直观地观察不同初始值时两条轨线的差别，可以绘制迭代轨迹图形。以横轴为迭代次数，纵轴为每次迭代计算出的函数值画出的迭代轨迹图形如图 1.3 和图 1.4 所示。

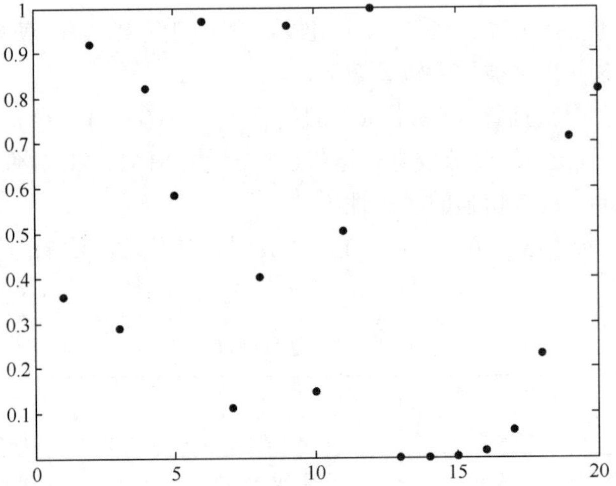

图 1.3　初始值为 $x_0 = 0.1$ 的迭代轨迹

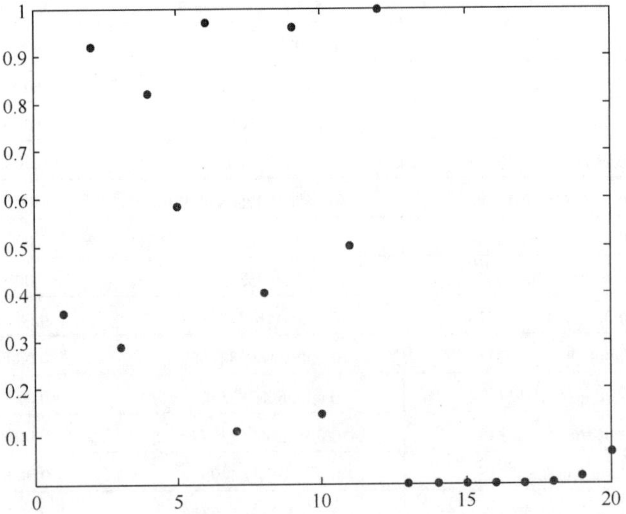

图 1.4　初始值为 $x_0 = 0.100001$ 的迭代轨迹

2）随机性。混沌运动的随机性与完全随机运动有着本质的不同。一方面，混沌运动服从确定的动力学规律；另一方面，混沌振荡虽然有随机性和不规则的特点，但是其运动也不是完全杂乱无章的。

3）分维性。分维性是指系统运动轨道在相空间的几何形态可以用分形来描述。系统的变化在相空间中可用一条轨道线来描述。混沌运动在相空间中的某个区域内无穷地折叠和扭结，构成具有无穷层次的自相似结构，这种结构称为奇怪吸引子。

例如，对于 Lorenz 方程组，当系统参数 $a=10, b=8/3, c=28$ 时，取初始值 $x_0=0.1, y_0=0.2, z_0=0.3$，求解 Lorenz 方程组可得它的轨迹，如图 1.5～图 1.7 所示。

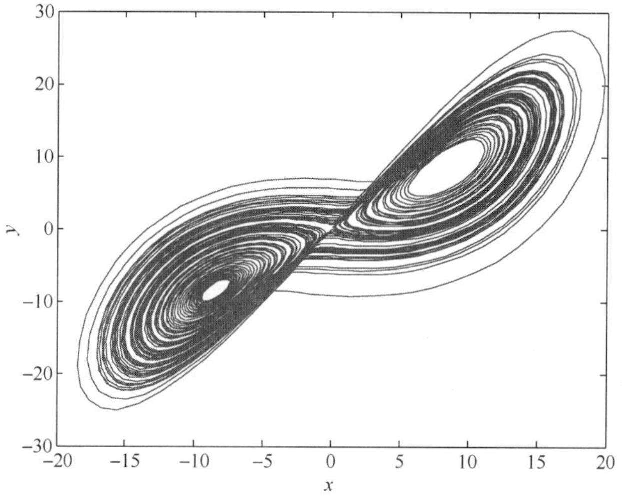

图 1.5　系统解曲线在 xOy 平面的投影

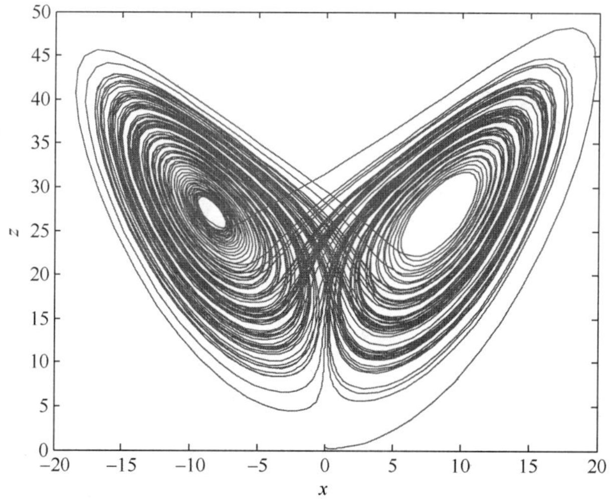

图 1.6　系统解曲线在 xOz 平面的投影

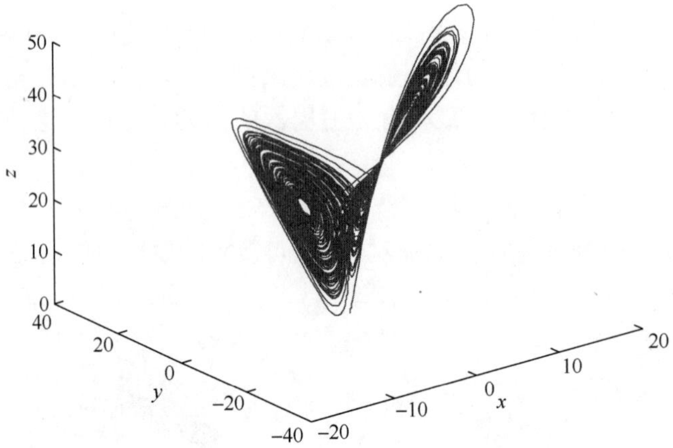

图 1.7　系统解曲线的三维相图

4）标度性。标度性是指混沌现象是一种无周期的有序态。其有序是指只要数值计算精度和实验仪器分辨率足够高，便可以在小尺度的混沌区发现有序运动的图样。

5）普适性。普适性是指系统在趋向混沌时所表现出来的共同特征，其不因具体系统的不同和系统运动方程的差异而改变。

6）正的 Lyapunov 指数。Lyapunov 指数是刻画混沌的一个重要物理特征量，是系统行为对初始条件敏感性的一个指标。一个 n 维系统具有 n 个 Lyapunov 指数。如果系统的最大 Lyapunov 指数为正，那么系统行为就具有对初始条件的极端敏感性。如果系统具有两个或两个以上正的 Lyapunov 指数，那么该系统是超混沌的。

Lyapunov 指数的大小表明相空间中相互靠近的轨迹的平均收敛或发散的指数率。

对于一维离散映射 $x_{n+1} = f(x_n)$，定义

$$\lambda = \lim_{n\to\infty}\frac{1}{n}\sum_{i=0}^{n}\ln\left|\frac{\mathrm{d}f}{\mathrm{d}x}\right|$$

称 λ 为 Lyapunov 指数，它表示大量次数迭代中，平均每次迭代所引起的指数分离中的指数。

以 Logistic 映射 $f(x) = \mu x(1-x)$ 为例，以参数 μ 为横轴，对应映射的 Lyapunov 指数为纵轴，可得 $\mu \in (3.5,3.9)$ 的 Lyapunov 指数图，如图 1.8 所示。

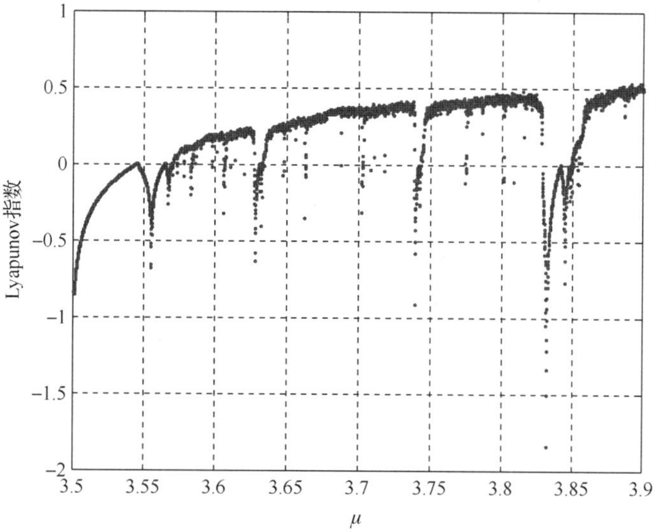

图 1.8 Logistic 映射的 Lyapunov 指数图

1.2 混沌控制研究

20 世纪 90 年代之前，混沌被认为不可预测、无法控制，是一种有害的运动形式。例如，在半导体激光阵列中输出光的相干性会受到混沌运动的影响，从而减弱了输出强度；等离子体混沌会导致等离子体失控；等等。自 1990 年美国马里兰大学的 Ott 等[35]提出拟制混沌的 OGY 法后，彻底改变了人们对混沌的认识，人们意识到混沌不但可以控制和预测，还可以在很多领域中得到有益的应用。

混沌控制问题与常规控制问题有许多不同之处。例如，常规控制一般不考虑系统输出对状态初值的敏感性，不会把一个系统的输出轨道引向不稳定的极限环或不动点，不会考虑通过改变系统状态稳定性的分支点去达到某种控制目的。混沌控制的主要任务是从非线性系统所产生的混沌行为中挑选出所需要的各种周期信号或非周期信号，并实现其稳定的有效控制。从物理特征来看，就是把原来的正 Lyapunov 指数变为负值。

到了 20 世纪 90 年代中期，陈关荣等[86]认识到混沌控制不单是把它消除掉，还应包含通过控制手段而有目的地强化或者产生混沌，并率先研究了反馈控制产生离散混沌的方法，继而提出了反馈混沌化（feedback chaotification）的概念。

1.2.1 混沌控制的分类

从 1990 年混沌控制的 OGY 法提出后，人们相继提出了一系列混沌控制的方法，如自适应控制法、延迟反馈控制法、开环控制法、周期激励法等，方法众多，难以一一列举。从控制的原理、目标、途径等多种角度出发，产生了丰富多样的混沌控制方法。

从控制原理来看，混沌控制方法可分为两类：反馈控制和无反馈控制。

从控制的目的看，可将混沌控制分为如下三类。

1）抑制控制：通过控制或驱动，只求得到所需要的周期轨道（这个轨道不一定是系统原有的轨道），或将混沌抑制掉，这类控制将改变系统动力学行为。

2）牵引控制：根据实际需要，将混沌吸引子中的某条不稳定周期轨道进行稳定化控制，即对给定的一个混沌吸引子，只对系统做小的扰动就能得到某个预期的周期行为。这种控制不改变系统原有的周期轨道。

3）混沌反控制：近代科学技术中的发现表明，混沌在许多情况下是有益的，甚至是非常有用的。在这些情形下，混沌当然就不应被削弱或消除，反而应被强化，甚至被从无到有地产生出来。通过控制手段有目的地强化或者产生混沌，这是混沌的反向控制，简称混沌反控制。

1.2.2 混沌控制的方法

混沌控制经过近 30 年的发展，其在理论和实践两方面都得到了迅速发展，研究者们提出了许多行之有效的实现混沌控制的方法，得到了很多有意义的成果。下面简要介绍一些混沌控制方法和技术。

1. OGY 控制法

1990 年，Ott 等[35]首先提出了一种控制混沌的方法，被称为 OGY 法。OGY 法的主要思想是：用相空间重构方法嵌入吸引子中的各种不稳定周期轨道，选择一个不稳定周期轨道作为控制目标，混沌轨道运动到该周期轨道附近时，对系统某一参数施加微小变动，将混沌轨道捕获并稳定在该周期轨道上。

在此，用一个二维离散混沌系统来说明 OGY 法。设二维离散混沌系统为

$$\boldsymbol{x}_{n+1} = f(\boldsymbol{x}_n, p) \tag{1.1}$$

式中，$\boldsymbol{x}_n \in \mathbf{R}^2$；$f(\boldsymbol{x}_n, p)$ 是一个充分光滑的二维向量函数；$p \in (p_0 - \delta p_{\max}, p_0 + \delta p_{\max})$ 是系统可调参数，假设 $p = p_0$ 时，系统处于混沌状态。

令

$$\boldsymbol{x}_F = f(\boldsymbol{x}_F, p_0)$$

为期望周期轨道。

在 $\boldsymbol{x}_F(p_0)$ 附近对式（1.1）做线性近似可得

$$\boldsymbol{x}_{n+1}-\boldsymbol{x}_F(p_0)=\boldsymbol{M}[\boldsymbol{x}_n-\boldsymbol{x}_F(p_0)]+s(p-p_0) \tag{1.2}$$

式中，$\boldsymbol{M}=\partial f/\partial x\big|\boldsymbol{x}_F$，$s=\partial f/\partial p\big|\boldsymbol{x}_F$。

设 λ_s,λ_u 为 $\boldsymbol{M}$ 的两个特征值，相应的特征向量分别为 $\boldsymbol{e}_s,\boldsymbol{e}_u$，$\boldsymbol{h}_s,\boldsymbol{h}_u$ 分别是与 $\boldsymbol{e}_s,\boldsymbol{e}_u$ 正交的单位向量，则有

$$\boldsymbol{M}=\lambda_u\boldsymbol{e}_u\boldsymbol{h}_u^{\mathrm{T}}+\lambda_s\boldsymbol{e}_s\boldsymbol{h}_s^{\mathrm{T}}$$

为达到控制目的，要求下列条件成立：

$$\boldsymbol{h}_u^{\mathrm{T}}[\boldsymbol{x}_{n+1}-\boldsymbol{x}_F(p_0)]=0 \tag{1.3}$$

将式（1.2）代入式（1.3）可得控制参数为

$$\delta p=(\lambda_u\boldsymbol{h}_u^{\mathrm{T}}\delta\boldsymbol{x}_n)\big/[(\lambda_u-1)\boldsymbol{h}_u^{\mathrm{T}}s]$$

当 $\boldsymbol{x}_n$ 落在选定的不稳定不动点 $\boldsymbol{x}_F(p_0)$ 附近时，反复调节摄动参数 δp，同时迭代 $\boldsymbol{x}_{n+1}$，可使 $\boldsymbol{x}_{n+1}$ 处于 $\boldsymbol{x}_F(p_0)$ 的稳定流形附近并保持在稳定流形邻域移动，最终趋向不动点。

2. 自适应控制法[38]

在控制系统运动过程中，系统自身不断地识别被控的状态、性能或参数，从而认识或掌握系统当前的运行指标与期望的指标并加以比较，进而做出决策，以改变控制器的结构、参数或根据自适应律来改变控制作用，保证系统运行在所期望的指标下的最优或次优状态。依照这种思想所建立的控制系统，称为自适应控制系统。

考虑单参数离散系统，系统动力学方程为

$$y_{n+1}=F(y_n,p_n)$$

式中，y_n 为 n 时刻输出；p_n 为 n 时刻控制参数。

设目标输出为 d_n，e_n 为实际输出 y_n 和目标输出 d_n 的差。一个简单的控制策略是：只将误差信号与某个控制参量联系起来，构成的自适应系统为

$$\begin{cases}y_{n+1}=F(y_n,p_n)\\p_{n+1}=p_n-k\cdot G(e_n)\\e_{n+1}=y_{n+1}-d_{n+1}\end{cases}$$

式中，k 为自适应控制机制的强度；$G(e_n)$ 仅仅是 e_n 的函数。

自适应控制方法就是利用误差信号调节系统的控制参量，逐步地使实际输出量与预定的目标输出量的差值趋近于零。

3. 延迟反馈控制法

延迟反馈控制法由德国学者 Pyragas 于 1993 年提出[39]。这种方法的主要思路是利用系统输出信号的一部分并经时间延迟后，再与原来的输出信号相减，其差

值作为控制信号反馈到系统。设 $\boldsymbol{y}(t)$ 是某一可测量的输出量，$\boldsymbol{s}(t)$ 是输出控制量，反馈控制的形式为

$$\boldsymbol{s}(t)=k(\boldsymbol{y}(t-\tau)-\boldsymbol{y}(t))$$

式中，τ 为时间延迟量；k 为反馈增益强度。

选择合适的 τ，使 τ 与混沌吸引子中的某一不稳定轨道的周期相同，当系统沿着这条轨道运行时，$\boldsymbol{y}(t-\tau)=\boldsymbol{y}(t)$，于是 $\boldsymbol{s}(t)=0$。当 $\boldsymbol{y}(t)$ 偏离这条轨道时，$\boldsymbol{y}(t-\tau)$ 还在这条轨道上，这时控制输入量 $\boldsymbol{s}(t)$ 对系统进行控制，调节 $\boldsymbol{y}(t)$ 重新回到这条轨道上。反馈增益强度 k 的取值要根据 Lyapunov 指数的计算结果来确定，取那些对应最大 Lyapunov 指数不大于零的 k 值，可以使系统被控制稳定到所需的轨道上。

实际上，当延迟反馈控制被激发后，延迟的存在使得原来的有限维系统变为无限维系统，系统被控制到某些周期态，这就相当于在延迟系统中存在稳定的周期振荡。现在的问题是：当 τ 和 k 满足什么条件时，延迟系统存在周期解？从数学的角度看，这个问题归结为确定延迟系统产生霍普夫分岔（Hopf's bifurcation）的条件。这样，可以利用一些数学方法给出 τ 和 k 的解析关系，从而得到实现混沌控制的条件。

4. 开环控制方法

开环控制的基本思想是使用一个合适的输入信号（外部激励）来改变非线性系统的动力学行为。输入信号可以反映某些物理作用（外力或场）的影响，也可以扰动某些参数。这个方法的优点是在控制过程中不需要测量或额外的信息，控制成本低。参数共振法[87]、周期激励法[88]、外加强迫法[89]、传输迁移法[90]等都是开环控制方法。利用非共振参数激励实现混沌控制[91]，是近年来提出的又一种开环控制方法，其可行性已经过实验得到验证，且可以通过严格的理论分析求解控制参数。

1.3 混沌同步概述

1.3.1 混沌同步的定义

同步是自然界中的一种基本现象。例如，在生态学上有一个典型的例子是马来西亚岛屿上成千上万只萤火虫在夜晚同步地闪动荧光，尽管每只萤火虫有差别，但它们之间通过某种方式耦合却可以达到同步状态；对人体的心肺功能的研究表明，人的心跳和呼吸频率是在若干个合理的比例的同步之间变化，尽管它们的自然频率非常不同；在化学方面，人们在对化学波的研究中也发现许多与同步有关

的现象；在光学中，人们发现若得到高功率的激光相干输出，通过耦合使各个激光器达到同步状态为最佳。以上几个例子说明同步现象在自然界是广泛存在的，并在实际应用中是非常重要的。

1990 年，Pecora 与 Carroll[60]提出相同混沌子系统间，在不同的初始条件下，通过某种驱动（或耦合），可以实现混沌轨道的同步化，并提出了一种同步方法（简称 P-C 方法）。他们的工作极大地推动了混沌同步的理论及应用研究，混沌同步问题得到了深入研究，混沌同步的各种概念和方法不断涌现。目前，关于混沌同步，人们已经提出了如完全同步[61]、相同步[64]、投影同步[65]、随机同步[66]和时滞同步[74]等多种类型。2000 年，Brown 和 Kocarev 对上述几种混沌同步给出了如下统一的定义[67]。

定义 1.8[67] 对于系统

$$\begin{cases}\dot{\boldsymbol{x}} = f_1(\boldsymbol{x},\boldsymbol{y},t)\\ \dot{\boldsymbol{y}} = f_2(\boldsymbol{y},\boldsymbol{x},t)\end{cases} \tag{1.4}$$

式中，$\boldsymbol{x}\in\mathbf{R}^n,\boldsymbol{y}\in\mathbf{R}^m$ 分别为混沌系统式（1.4）的两个子系统的状态向量。令 $\boldsymbol{z}=(\boldsymbol{x}^{\mathrm{T}},\boldsymbol{y}^{\mathrm{T}})^{\mathrm{T}}$，称混沌系统式（1.4）的轨道 $\phi(\boldsymbol{z},t)$ 关于性质 φ_x 和 φ_y 同步，如果存在映射 $h:\mathbf{R}^n\times\mathbf{R}^m\to\mathbf{R}^{n+m}$，则使得 $\lim\limits_{t\to\infty}\|h(\varphi_x,\varphi_y)\|=0$。

由上述定义，根据 h、φ_x 和 φ_y 的不同情况可以给出不同类型的同步定义。例如，当 $n=m$，且 $\lim\limits_{t\to\infty}\|\boldsymbol{y}(t)-\boldsymbol{x}(t)\|=0$ 时，则称混沌系统式（1.4）的两个子系统达到完全同步。当 $n=m$，且 $\lim\limits_{t\to\infty}\|\boldsymbol{y}(t+\tau)-\boldsymbol{x}(t)\|=0$ 时，其中，τ 代表一个固定的时间常数，则称混沌系统式（1.4）的两个子系统达到时滞同步。若存在映射 $\phi:\mathbf{R}^n\to\mathbf{R}^m$ 连续，使得 $\lim\limits_{t\to\infty}\|\boldsymbol{y}(t)-\phi(\boldsymbol{x}(t))\|=0$，则称混沌系统式（1.4）的两个子系统关于性质 ϕ 广义同步。设式（1.4）的解 $\boldsymbol{x}(t)$ 和 $\boldsymbol{y}(t)$ 为振荡性的，它们具有相位 ω_1 和 ω_2，若存在正数 λ,μ，使得 $\|\lambda\dot{\omega}_1-\mu\dot{\omega}_2\|=0$，则称混沌系统式（1.4）的两个子系统相同步。

1.3.2 混沌同步的方法

自 20 世纪 90 年代 Pecora 和 Carroll 的开创性的工作以来，混沌同步得到了迅猛的发展，取得了丰硕的成果[60]。但从其方法上看，成果不多，主要有驱动-响应的同步方法和变量反馈控制的同步方法。本节介绍混沌同步的三个方法。

1. 驱动-响应的同步方法

驱动-响应（drive-response）的同步方法由 Pecora 和 Carroll[60]于 1990 年提出。

其基本思想是用一个混沌的输出作为信号驱动另一个混沌来实现这两个混沌系统的同步。其方法如下。

设混沌系统为n维自治动力系统$\dot{U}=F(U)$，将其分解为三个部分：

$$\dot{\boldsymbol{v}}=f(\boldsymbol{v},\boldsymbol{u}) \quad （m\text{维}） \tag{1.5a}$$

$$\dot{\boldsymbol{u}}=g(\boldsymbol{v},\boldsymbol{u}) \quad （k\text{维}） \tag{1.5b}$$

$$\dot{\boldsymbol{w}}=h(\boldsymbol{v},\boldsymbol{w}) \quad （l\text{维}） \tag{1.5c}$$

这里$m+k+l=n$。称式（1.5a）和式（1.5b）为驱动部分，式（1.5c）为响应部分，$\boldsymbol{v}$是驱动信号。从式（1.5c）复制出一个响应系统

$$\dot{\boldsymbol{w}}'=h(\boldsymbol{v},\boldsymbol{w}') \tag{1.6}$$

式中，$\boldsymbol{w}'\in\mathbf{R}^l$。

定义 1.9 对于混沌系统式（1.5），如果在相同的驱动信号$\boldsymbol{u}$作用下，有

$$\lim_{t\to\infty}\|\boldsymbol{w}(t)-\boldsymbol{w}'(t)\|=0$$

则称混沌系统式（1.5）同步。

一个很自然的问题是：以什么样的分解方式，才能够使得从$\boldsymbol{w}(t_0)$附近出发的轨线总能收敛于同一条轨线$\boldsymbol{w}(t)$上，且在每一时刻点上总是在$\boldsymbol{w}(t)$的预定位置上？

Pecora 和 Carroll 用线性稳定性理论，对驱动和响应系统的稳定性进行了分析，得到混沌同步的判据[60]。

设两个响应子系统的信号差为

$$\Delta\dot{\boldsymbol{w}}=h(\boldsymbol{v},\boldsymbol{w}')-h(\boldsymbol{v},\boldsymbol{w})$$

在$\boldsymbol{w}(t)$附近做泰勒展开（Taylor expansion），有

$$\Delta\dot{\boldsymbol{w}}=\boldsymbol{D}_w h(\boldsymbol{v},\boldsymbol{w})\Delta\boldsymbol{w}+O(\boldsymbol{w},\boldsymbol{v}) \tag{1.7}$$

式中，$\Delta\boldsymbol{w}=\boldsymbol{w}'-\boldsymbol{w}$，$\boldsymbol{D}_w h(\boldsymbol{v},\boldsymbol{w})$为响应系统式(1.6)在$\boldsymbol{w}(t)$处的 Jacobi 矩阵，$O(\boldsymbol{w},\boldsymbol{v})$为高阶无穷小量。当$\|\Delta\boldsymbol{w}\|$很小时，取式（1.7）的线性部分，则有

$$\Delta\dot{\boldsymbol{w}}=\boldsymbol{D}_w h(\boldsymbol{v},\boldsymbol{w})\Delta\boldsymbol{w} \tag{1.8}$$

显然，当矩阵$\boldsymbol{D}_w h(\boldsymbol{v},\boldsymbol{w})$的特征值都具有负实部时，式（1.8）的解渐近稳定，从而式（1.7）的解渐近稳定。

定理 1.2 如果响应系统式（1.6）的所有条件 Lyapunov 指数都为负值，则响应系统式（1.6）和混沌系统式（1.5）同步。

2. 主动-被动同步方法

驱动-响应的同步方法需要对系统进行特定的分解，这给实际应用带来不便，应用起来不够灵活。1995 年，Kocarev 和 Parlitz[80]提出一种改进方法，即主动-被动同步方法。其方法如下。

设一个自治的非线性动力系统

$$\dot{z} = F(z) \tag{1.9}$$

式中，$z \in \mathbf{R}^n$。将式（1.9）改写为非自治系统

$$\dot{\boldsymbol{x}} = f(\boldsymbol{x}, \boldsymbol{s}(t)) \tag{1.10}$$

式中，$\boldsymbol{s}(t)$ 为所选的驱动变量。复制一个与式（1.10）相同的系统

$$\dot{\boldsymbol{y}} = f(\boldsymbol{y}, \boldsymbol{s}(t)) \tag{1.11}$$

式（1.10）和式（1.11）受到相同信号 $\boldsymbol{s}(t)$ 驱动。

令

$$\boldsymbol{e} = \boldsymbol{x} - \boldsymbol{y}$$

则有关于 $\boldsymbol{e}$ 的微分方程

$$\dot{\boldsymbol{e}} = f(\boldsymbol{x}, \boldsymbol{s}(t)) - f(\boldsymbol{y}, \boldsymbol{s}(t)) = f(\boldsymbol{x}, \boldsymbol{s}(t)) - f(\boldsymbol{x} - \boldsymbol{e}, \boldsymbol{s}(t)) \tag{1.12}$$

如果式（1.12）在 $\boldsymbol{e} = \mathbf{0}$ 处有稳定不动点，则对于式（1.10）和式（1.11）存在一个稳定的同步态 $\boldsymbol{x} = \boldsymbol{y}$。可以根据在 $\boldsymbol{e} = \mathbf{0}$ 附近运用线性稳定性的分析方法，或者利用分析全局渐近稳定的 Lyapunov 函数的方法，确定 $\boldsymbol{x}$ 和 $\boldsymbol{y}$ 达到稳定同步的条件。

在选择驱动信号 $\boldsymbol{s}(t)$ 时，可以这样要求：当 $\boldsymbol{s}(t) = \mathbf{0}$ 时，式（1.10）是趋向某一不动点的被动系统（也称为无源系统）。依照该原则做出的分解，称为主动-被动分解（active-passive decomposition），简称 APD 分解法，相应的同步类型称为主动-被动（或有源-无源）同步方法。

3. 变量反馈控制的同步方法

这种同步方法是 Pyragas[81]在 1993 年提出的，该方法的思想源自非线性连续混沌系统反馈控制法。

设驱动系统是

$$\dot{\boldsymbol{x}} = f(\boldsymbol{x}) \tag{1.13}$$

式中，$\boldsymbol{x} \in \mathbf{R}^n$。

设响应系统是

$$\dot{\boldsymbol{y}} = f(\boldsymbol{y}) + \boldsymbol{u}(t) \tag{1.14}$$

式中，$\boldsymbol{y} \in \mathbf{R}^n$。$\boldsymbol{u}(t)$ 是反馈信号，令

$$\boldsymbol{u}(t) = \boldsymbol{K} \cdot (\boldsymbol{x} - \boldsymbol{y}) \tag{1.15}$$

式中，$\boldsymbol{K} = \mathrm{diag}(k_1, k_2, \cdots, k_n)$。

通过反馈信号式（1.15）的调节作用，响应系统式（1.14）的演化轨道逐渐

靠近驱动系统的目标轨道，直至达到重合。自然地，式（1.15）的调节作用要靠 k_i（$i=1,2,\cdots,n$）。

令 $\boldsymbol{y}=\boldsymbol{x}+\delta\boldsymbol{y}$，将式（1.14）在 x 处做 Taylor 展开，保留到 $\delta\boldsymbol{y}$ 的线性项，有

$$\delta\dot{\boldsymbol{y}}=\boldsymbol{A}\cdot\delta\boldsymbol{y}-\boldsymbol{K}\cdot\delta\boldsymbol{y}=(\boldsymbol{A}-\boldsymbol{K})\delta\boldsymbol{y} \tag{1.16}$$

式中，$\boldsymbol{A}=\boldsymbol{D}_y f(\boldsymbol{y})\big|_{y=x}$。如果矩阵 $\boldsymbol{A}-\boldsymbol{K}$ 的所有特征值的实部都小于零，则式（1.16）的解是渐近稳定的。

1.4　复杂网络的同步

20 世纪 80 年代以来，以互联网为代表的计算机和信息工程技术的迅猛发展使人类社会进入了一个“网络时代”，如从互联网到万维网，从商业网络到交通网络，从大脑神经网络到生物细胞，从无线通信网络到各种经济、政治、社会关系网络等。探寻这些看上去互不相干、没有联系的形形色色的网络的共同属性及具有普适性的处理方法，是一项极富挑战的工作，这也是复杂网络理论的研究内容。

传统上，人们通过经典图论来研究复杂网络。近十多年来，随着对复杂网络研究的深入，人们不得不重新认识复杂网络[92,93]。Watts 和 Strogatz 在 1998 年发现了复杂网络的小世界（small-world）特征[94]。具有小世界特征的网络称为小世界模型。Barabasi 和 Albert 在 1999 年发现了复杂网络的无标度（scale-free）特征[95]。具有无标度特征的网络称为无标度模型。小世界模型和无标度模型是两项开创性理论工作，为复杂网络的研究奠定了基础，极大地推动了复杂网络研究的发展。

同步是自然界普遍存在的一类非线性现象。1967 年，Winfree 研究了多个耦合振子之间的同步问题[96]。1984 年，Kuramoto 研究了有限个恒等振子的耦合同步问题[97]。Wu 和 Chua 深入研究了各种耦合映象网格和细胞神经网络的同步问题[98]。上述研究的是具有比较简单结构的网络，这些网络可以使人们把注意力放在网络节点的非线性动力学所产生的复杂行为上，而不必考虑网络结构复杂性对网络行为的影响。

然而网络的拓扑结构在决定网络动态特性方面起着很重要的作用。复杂网络的小世界和无标度特征的发现，使得人们开始关注网络的拓扑结构与网络的同步化行为之间的关系。在过去十多年里，不同研究领域的学者从不同角度广泛而深入地开展了复杂网络同步的研究[99-118]。

1.4.1　复杂网络同步的概念

网络同步是一种重要的现象。有些网络同步是有益的，另外一些网络同步是

有害的。对于有益的同步，要利用各种手段保持系统的同步性；而对于有害的同步，要采取各种手段破坏系统的同步性。

网络同步有很多不同的类别，如常见的恒等同步、相同步、广义同步等。下面只给出恒等同步的定义。

考虑 N 个节点的动力学网络，第 i 个节点的 n 维状态变量是 $\boldsymbol{x}_i(t)$，$\boldsymbol{x}_i(t)=(x_i^1(t),x_i^2(t),\cdots,x_i^n(t))$，在不考虑耦合作用的时候单个节点所满足的状态方程是 $\dot{\boldsymbol{x}}_i(t)=f(\boldsymbol{x}_i(t))$。设 $H:\mathbf{R}^n\to\mathbf{R}^n$，是每个节点状态变量的耦合函数，在存在耦合作用的情况下，第 i 个节点所满足的状态方程是

$$\dot{\boldsymbol{x}}_i(t)=f(\boldsymbol{x}_i(t))+\varepsilon\sum_{j=1}^{N}c_{ij}H(\boldsymbol{x}_j(t)),\quad i=1,2,\cdots,N$$

式中，$\varepsilon>0$ 是耦合强度；$\boldsymbol{C}=(c_{ij})$ 是反映网络拓扑的 $N\times N$ 对称矩阵。c_{ij} 的定义如下：若节点 i 和节点 $j(i\neq j)$ 之间有连接，则 $c_{ij}=c_{ji}=1$；否则 $c_{ij}=c_{ji}=0$。对角元素为

$$c_{ii}=-\sum_{j=1,j\neq i}^{N}c_{ij}=-\sum_{j=1,j\neq i}^{N}c_{ji}=-c_i,\quad i=1,2,\cdots,N$$

式中，c_i 是节点 i 的度，连通网络 $\boldsymbol{C}=(c_{ij})$ 是不可约矩阵。耦合矩阵 $\boldsymbol{C}$ 包含了网络结构的全部信息。例如，最近邻耦合网络、星形网络及完全网络的耦合矩阵分别为

$$\boldsymbol{C}_1=\begin{pmatrix}-2&1&0&\cdots&1\\1&-2&1&\cdots&0\\0&1&-2&\cdots&0\\\vdots&\vdots&\vdots&&\vdots\\1&0&\cdots&1&-2\end{pmatrix},\quad \boldsymbol{C}_2=\begin{pmatrix}-N+1&1&1&\cdots&1\\1&-1&0&\cdots&0\\1&0&-1&\cdots&0\\\vdots&\vdots&\vdots&&\vdots\\1&0&\cdots&0&-1\end{pmatrix}$$

$$\boldsymbol{C}_3=\begin{pmatrix}-N+1&1&1&\cdots&1\\1&-N+1&1&\cdots&1\\1&1&-N+1&\cdots&1\\\vdots&\vdots&\vdots&&\vdots\\1&1&\cdots&1&-N+1\end{pmatrix}$$

动态网络系统在耦合的作用下，当 $t\to\infty$ 时，使得 $\boldsymbol{x}_1(t)\to\boldsymbol{x}_2(t)\to\cdots\to\boldsymbol{x}_N(t)\to\boldsymbol{s}(t)$，则称复杂网络系统达到完全渐近同步。这里 $\boldsymbol{s}(t)\in\mathbf{R}^n$ 是在不考虑耦合作用时单个节点状态方程 $\dot{\boldsymbol{x}}_i(t)=f(\boldsymbol{x}_i(t))$ 的解，即 $\dot{\boldsymbol{s}}(t)=f(\boldsymbol{s}(t))$，$\boldsymbol{x}_1(t)=\boldsymbol{x}_2(t)=\cdots=\boldsymbol{x}_N(t)=\boldsymbol{s}(t)$ 称为网络状态空间中的同步流形，其中 $\boldsymbol{S}(t)=(\boldsymbol{s}^{\mathrm{T}}(t),\boldsymbol{s}^{\mathrm{T}}(t),\cdots,\boldsymbol{s}^{\mathrm{T}}(t))^{\mathrm{T}}\in\mathbf{R}^{nN}$ 称为同步状态。

1.4.2 复杂网络同步的研究方法

1. 网络同步分析

网络同步分析有两种方法，一种是局部稳定性分析方法，另一种是全局稳定性分析方法。局部稳定性分析方法是一个线性化的方法，先对网络方程在同步态上进行局部线性化，得到一个线性系统作为网络方程的近似，再用线性系统稳定性理论，得出同步稳定性判据。全局稳定性分析是对网络系统在任意初始条件下进行的稳定性分析，其方法有 Lyapunov 方法、连接图方法、压缩方法等。

2. 网络同步控制

网络同步控制有三种策略。一种策略是通过某种变换来改变网络拓扑结构，从而调控网络上的动力学行为，如借助图运算或加边方式来改变网络拓扑结构。第二种策略是对网络参数的控制，改善网络同步能力，如调节网络的耦合强度等。第三种策略是对原有网络增加合适的控制器，达到同步控制的目的，如牵制控制、线性反馈控制、脉冲控制、自适应控制等。研究表明，上述三种策略对改善网络同步能力都是有效的。

1.5 本书的主要内容

本书的研究内容可划分为五个方面：第一个方面是混沌控制问题研究（第 2 章、第 3 章和第 8 章）；第二个方面是分形控制问题研究（第 4 章）；第三个方面是混沌同步问题研究（第 5 章和第 6 章）；第四个方面是复杂网络上同步问题的研究（第 7 章）；第五个方面是两类经济系统的混沌控制与同步研究（第 9 章）。这些研究工作，不仅从理论上进一步丰富和加深了对混沌系统控制、分形控制、混沌同步、复杂网络上同步的认识，而且为分析和操控实际复杂系统提供了理论和数值依据。

本书内容分为 9 章，具体如下：

第 1 章绪论。首先，简单阐述混沌的起源与发展、混沌的定义、混沌运动的特征；然后介绍混沌控制的分类、混沌控制的几个重要方法；接着，简要介绍混沌同步的定义、非线性系统混沌同步问题的研究状况；最后，简要介绍复杂网络上同步的概念、研究方法。

第 2 章研究的是混沌系统的闭环控制问题。首先，基于 Lyapunov 稳定性理论获得混沌系统稳定的一个充分条件，在此基础上给出设计反馈控制律的一般方法；然后，研究超混沌 Lorenz 系统的闭环控制，分别给出系统稳定的线性控制律及混合控制律，并通过数值仿真验证方法的有效性。

第 3 章讨论混沌系统的最优控制问题。传统的混沌控制方法注重如何使混沌系统稳定，而没有考虑实际过程中对控制能量的限制。事实上在实际物理系统中，控制器的输出能量总是有限的，并希望所需的控制能量越小越好。因此，研究在此条件下实现混沌系统的最优控制方法更具有实际意义。该章根据控制系统能量限制的要求，对受控系统设计一个二次目标函数，把控制问题转化为一个非线性的二次优化问题，给出两个求解方法：一个是线性化方法，一个是二级算法，并对两个方法进行理论分析和数值仿真。

第 4 章主要讨论分形理论中重要的茹利亚（Julia）集的控制问题。讨论混沌与分形的关系，简单介绍 Julia 集的基本理论，在此基础上，利用反馈控制方法，对二次函数的 Julia 集设计合适的控制律，对其进行有效的控制，从而使得非线性系统的 Julia 集可以根据客观问题的实际需要来进行有效的制约，并通过数值仿真验证方法的有效性。

第 5 章进行同结构超混沌系统及异结构超混沌系统的同步分析。针对系统参数已知、系统结构相同或不同的两种情况，对超混沌系统的同步问题进行理论分析，获得超混沌系统同步的控制律，并通过理论分析和数值仿真验证控制律的有效性。

第 6 章开展参数不确定同结构超混沌系统及参数不确定异结构超混沌系统的同步问题研究。针对系统结构相同或不同两种情况下，对超混沌系统的同步问题进行理论分析，获得超混沌系统同步的控制律和未知参数的自适应律，并通过理论分析和数值仿真验证控制律的有效性。

第 7 章主要讨论一类复杂网络的同步问题。首先，研究一类具有常数耦合复杂网络的同步问题，通过对网络中的一个节点施加单一线性控制，即所谓牵制控制，得到保证复杂网络局部同步的充分性条件；然后，研究常数耦合星形复杂网络的局部同步问题，得到保证复杂网络局部同步的充分性条件；最后通过对由超混沌勒斯勒（Rössler）系统做节点构成的星形复杂网络同步的具体研究，验证本章所得结论的正确性和控制律的有效性。

第 8 章介绍分数阶微积分，对分数阶系统的稳定性进行分析，并将分析结果用于对分数阶混沌系统的控制，得到控制律，并通过理论分析和数值仿真验证控制策略的有效性。

第 9 章将控制理论与经济问题相结合，利用控制理论的方法研究一类金融混沌系统的控制和房地产投资系统的同步，基于 Lyapunov 稳定性理论得到控制律，并通过理论分析和数值仿真验证控制策略的有效性。

第2章 混沌系统的控制

混沌系统对初始条件具有极端敏感性，在相当长一段时间内，混沌被认为是不可预测、无法控制的，人们在生产、试验中都尽量避免混沌的出现。但自1990年Ott等[35]提出控制混沌的OGY法，Pecora和Carroll[60]提出混沌同步的思想以后，人们对混沌的认识有了一个翻天覆地的变化。从此，对混沌控制和同步的研究得到了迅速发展，该研究方向迅速成为非线性动力学的一个研究热点。

本章研究的是混沌系统的闭环控制问题。首先，基于Lyapunov稳定性理论获得混沌系统稳定的一个充分条件，在此基础上给出设计反馈控制律的一般方法；然后，研究超混沌Lorenz系统的闭环控制，包括线性反馈及线性与非线性的混合反馈，分别给出系统稳定的线性控制律及混合控制律，并用数值仿真验证方法的有效性。

2.1 混沌系统的闭环控制

闭环控制又称为反馈控制，是自动控制的主要形式，在工程中有着重要的应用。闭环控制是根据系统输出变化的信息来进行控制的，即通过比较系统行为（输出）与期望行为之间的偏差，并消除偏差以获得预期的系统性能。在反馈控制系统中，既存在由输入端到输出端的信号前向通路，也包含从输出端到输入端的信号反馈通路，两者组成一个闭合的回路。

闭环控制系统由控制器、被控对象和测量装置等几个基本环节组成，如图 2.1 所示。

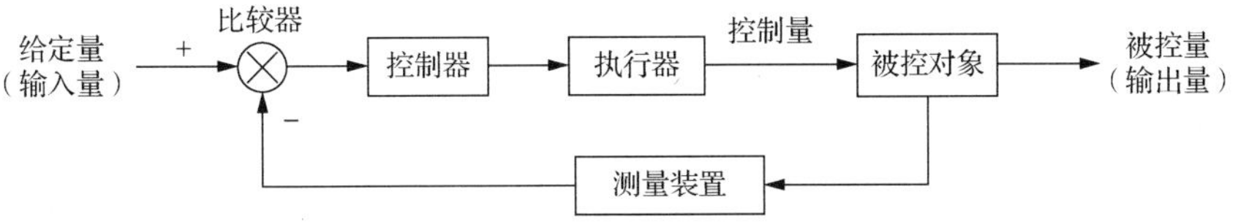

图 2.1　闭环控制系统框图

控制器是将控制信号变成控制作用的部件，是实现对设备（或系统）控制的主要部件。被控对象是设备（或系统）的主体。测量装置是将被控物理量转换成电信号的装置，以实现反馈控制和监测被控物理量的作用。图 2.1 中带叉号的圆圈为比较环节，用来将输入与输出相减，给出偏差信号。这一环节在具体系统中可与控制器一起统称为调节器。

同开环控制系统相比，闭环控制系统具有一系列优点。在反馈控制系统中，不管出于什么原因（外部扰动或系统内部变化），只要被控制量偏离规定值，就会产生相应的控制作用去消除偏差。因此，它具有抑制干扰的能力，对元件特性变化不敏感，并能改善系统的响应特性。但反馈回路的引入增加了系统的复杂性，而且增益选择不当时会引起系统的不稳定。为了提高控制精度，在扰动变量可以测量时，也常同时采用以扰动控制（即前馈控制）作为反馈控制的补充而构成复合控制系统。

2.1.1 Lyapunov 稳定性理论

在对一个动力系统的认识中，无论系统是力学的、物理的、化学的或是社会现象的，稳定性分析都起着主导作用。关于稳定性，有平衡态的稳定性、输入-输出稳定性、周期轨道的稳定性等多种形式，平衡态的稳定性在许多实际问题中至关重要。

考虑自治系统

$$\dot{\boldsymbol{x}} = f(\boldsymbol{x})$$

式中，$f: D \to \mathbf{R}^n$ 是从定义域 $D \subset \mathbf{R}^n$ 到 $\mathbf{R}^n$ 上的局部 Lipschitz 映射。假定 $f(\bar{\boldsymbol{x}}) = 0$，即 $\bar{\boldsymbol{x}}$ 为该方程的平衡点。为方便起见，不妨设 $\bar{\boldsymbol{x}} = \mathbf{0}$。这是因为经过变量替换可以把平衡点变换为原点。于是，总假定 $f(\boldsymbol{x})$ 满足 $f(\mathbf{0}) = 0$，并研究原点的稳定性。

定义 2.1　对于方程 $\dot{\boldsymbol{x}} = f(\boldsymbol{x})$ 的平衡点 $\boldsymbol{x} = \mathbf{0}$：

1）如果对于每个 $\varepsilon > 0$，都存在 $\delta = \delta(\varepsilon) > 0$，满足

$$\|\boldsymbol{x}(0)\| < \delta \Rightarrow \|\boldsymbol{x}(t)\| < \varepsilon, \quad \forall t \geqslant 0$$

则称该平衡点是稳定的；

2）如果该点稳定，且可选择适当的 $\delta=\delta(\varepsilon)>0$，满足

$$\|\boldsymbol{x}(0)\|<\delta \Rightarrow \lim_{t\to\infty}\boldsymbol{x}(t)=\boldsymbol{0}$$

则称该平衡点是渐近稳定的。

定义了平衡点的稳定性和渐近稳定性后，下面给出 Lyapunov 稳定性定理。

定义 2.2 设 $V:D\to\mathbf{R}$ 是连续可微函数，$D\subset\mathbf{R}^n$ 是包含原点的定义域。如果除了 $V(\boldsymbol{0})=\boldsymbol{0}$ 外，对所有别的点均有 $V(\boldsymbol{x})>0$，则称此函数为 Lyapunov 函数。

容易看到，Lyapunov 函数沿方程 $\dot{\boldsymbol{x}}=f(\boldsymbol{x})$ 的解 $\boldsymbol{x}(t)$ 的全导数为

$$\dot{V}(\boldsymbol{x})=\frac{\mathrm{d}V(\boldsymbol{x})}{\mathrm{d}t}=\sum_{i=1}^{n}\frac{\partial V(\boldsymbol{x})}{\partial x_i}\frac{\partial x_i}{\partial t}$$

定理 2.1 如果自治系统 $\dot{\boldsymbol{x}}=f(\boldsymbol{x})$ 存在一个 Lyapunov 函数 $V(\boldsymbol{x})$，其全导数 $\dot{V}(\boldsymbol{x})$ 是半负定的，则原点 $\boldsymbol{x}=\boldsymbol{0}$ 是稳定的。

定理 2.2 如果自治系统 $\dot{\boldsymbol{x}}=f(\boldsymbol{x})$ 存在一个 Lyapunov 函数 $V(\boldsymbol{x})$，其全导数 $\dot{V}(\boldsymbol{x})$ 是负定的，则原点 $\boldsymbol{x}=\boldsymbol{0}$ 是渐近稳定的。

定理 2.3 如果自治系统 $\dot{\boldsymbol{x}}=f(\boldsymbol{x})$ 存在一个 Lyapunov 函数 $V(\boldsymbol{x})$，其全导数 $\dot{V}(\boldsymbol{x})$ 是正定的，则原点 $\boldsymbol{x}=\boldsymbol{0}$ 是不稳定的。

2.1.2 混沌系统的闭环控制策略

考虑受控的混沌系统

$$\dot{\boldsymbol{x}}=f(\boldsymbol{x},t)+\boldsymbol{u}(t) \tag{2.1}$$

式中，$\boldsymbol{x}\in\mathbf{R}^n$ 是状态向量；$f(\boldsymbol{x},t)\in\mathbf{R}^n$ 是连续可微向量函数；$\boldsymbol{u}\in\mathbf{R}^n$ 是控制向量。

设 $\bar{\boldsymbol{x}}(t)\in\mathbf{R}^n$ 是系统 $\dot{\boldsymbol{x}}=f(\boldsymbol{x},t)$ 的一个解，控制目标使混沌系统式（2.1）的解 $\boldsymbol{x}\in\mathbf{R}^n$ 跟踪到目标轨道 $\bar{\boldsymbol{x}}(t)\in\mathbf{R}^n$，即实现

$$\lim_{t\to\infty}\|\boldsymbol{x}(t)-\bar{\boldsymbol{x}}(t)\|=0 \tag{2.2}$$

引理 2.1[119] 设非线性系统

$$\dot{\boldsymbol{x}}(t)=\boldsymbol{A}(t)\boldsymbol{x}(t)+g(\boldsymbol{x}(t),t) \tag{2.3}$$

对于所有的 $t, g(\boldsymbol{0},t)=\boldsymbol{0}$，且满足 $\lim\limits_{\|x\|\to\infty}\dfrac{\|g(\boldsymbol{x},t)\|}{\|\boldsymbol{x}\|}=0$，则在式（2.3）的一次近似系统

$$\dot{\boldsymbol{x}}=\boldsymbol{A}(t)\boldsymbol{x} \tag{2.4}$$

零解局部渐近稳定且 $\boldsymbol{A}(t)$ 有界的条件下，式（2.3）的零解为局部指数渐近稳定。

引理 2.2 对于线性系统式(2.4)，设 $\boldsymbol{A}(t)$ 有界，且存在一个正定常数矩阵 $\boldsymbol{P}$，使 $\boldsymbol{A}^{\mathrm{T}}(t)\boldsymbol{P}+\boldsymbol{P}\boldsymbol{A}(t)$ 一致负定，则线性系统式（2.4）的零解渐近稳定。

证明　选取 Lyapunov 函数 $V(\boldsymbol{x},t)=\boldsymbol{x}^{\mathrm{T}}\boldsymbol{P}\boldsymbol{x}$，则 $V(\boldsymbol{x},t)$ 沿着线性系统式（2.4）轨线的导数为

$$\dot{V}(\boldsymbol{x},t)=\boldsymbol{x}^{\mathrm{T}}(\boldsymbol{A}^{\mathrm{T}}(t)\boldsymbol{P}+\boldsymbol{P}\boldsymbol{A}(t))\boldsymbol{x}\leqslant 0$$

根据 Lyapunov 稳定性定理，原点是渐近稳定的。引理证毕。

定理 2.4　考虑非线性系统

$$\dot{\boldsymbol{x}}=f(\boldsymbol{x},t) \tag{2.5}$$

设 $\boldsymbol{\varphi}(t)$ 是式（2.5）的任一解。假定 $t\geqslant 0$ 时，$f(\boldsymbol{x},t)$ 及其雅可比（Jacobi）矩阵 $\boldsymbol{D}_{\boldsymbol{x}}f(\boldsymbol{x},t)$ 在解 $\boldsymbol{\varphi}(t)$ 的一个邻域上是连续的；存在一个正定常数矩阵 $\boldsymbol{P}$，矩阵 $(\boldsymbol{D}_{\boldsymbol{x}}f(\boldsymbol{x},t))^{\mathrm{T}}\boldsymbol{P}+\boldsymbol{P}\boldsymbol{D}_{\boldsymbol{x}}f(\boldsymbol{x},t)$ 沿 $\boldsymbol{\varphi}(t)$ 是一致负定的，则解 $\boldsymbol{\varphi}(t)$ 是指数渐近稳定的。

证明　因为 $\boldsymbol{\varphi}(t)$ 是式（2.5）的解，故

$$\dot{\boldsymbol{\varphi}}(t)=f(\boldsymbol{\varphi}(t),t) \tag{2.6}$$

令 $\boldsymbol{x}=\boldsymbol{\varphi}(t)+\boldsymbol{x}'$，由式（2.5）和式（2.6）得

$$\dot{\boldsymbol{x}}'=f(\boldsymbol{\varphi}(t)+\boldsymbol{x}',t)-f(\boldsymbol{\varphi}(t),t) \tag{2.7}$$

容易看到，$\boldsymbol{x}'=\boldsymbol{0}$ 是非线性系统式（2.7）的零解。

非线性系统式（2.7）的一次近似系统为

$$\dot{\boldsymbol{x}}'=\boldsymbol{D}_{\boldsymbol{x}}f(\boldsymbol{\varphi}(t),t)\boldsymbol{x}' \tag{2.8}$$

由条件知，存在常数正定矩阵 $\boldsymbol{P}$，使 $(\boldsymbol{D}_{\boldsymbol{x}}f(\boldsymbol{x},t))^{\mathrm{T}}\boldsymbol{P}+\boldsymbol{P}\boldsymbol{D}_{\boldsymbol{x}}f(\boldsymbol{x},t)$ 一致负定，由引理 2.2 知，线性系统式（2.8）的零解 $\boldsymbol{x}'=\boldsymbol{0}$ 渐近稳定。

从而由引理 2.1 知，式（2.5）的零解 $\boldsymbol{x}'=\boldsymbol{0}$ 是局部渐近稳定的，故解 $\boldsymbol{\varphi}(t)$ 是局部指数渐近稳定的，即

$$\lim_{t\to\infty}\|\boldsymbol{x}-\boldsymbol{\varphi}(t)\|=0$$

定理 2.5　若受控系统由式（2.1）来描述。控制目标是原系统 $\dot{\boldsymbol{x}}=f(\boldsymbol{x},t)$ 的一个不稳定周期轨道 $\bar{\boldsymbol{x}}(t)$，t_1 时刻后开始控制，令 $t\geqslant t_1$ 时，$\boldsymbol{u}(t)=-\boldsymbol{K}(\bar{\boldsymbol{x}}(t)-\boldsymbol{x}(t))$，则存在适当的 $\boldsymbol{K}$，使式（2.1）的解轨道渐近于目标轨道 $\bar{\boldsymbol{x}}(t)$。

证明　根据题设，$\bar{\boldsymbol{x}}(t)$ 满足 $\dot{\bar{\boldsymbol{x}}}(t)=f(\bar{\boldsymbol{x}}(t),t)$。显然 $\bar{\boldsymbol{x}}(t)$ 也是受控系统

$$\dot{\boldsymbol{x}}(t)=f(\boldsymbol{x}(t),t)-\boldsymbol{K}(\bar{\boldsymbol{x}}(t)-\boldsymbol{x}(t)) \tag{2.9}$$

的解。

受控系统式（2.9）的 Jacobi 矩阵为 $\boldsymbol{D}_{\boldsymbol{x}}f(\boldsymbol{x},t)-\boldsymbol{K}$，对于受控系统式（2.9），令

$$\begin{aligned}\boldsymbol{Q}(\boldsymbol{x},t)&=(\boldsymbol{D}_{\boldsymbol{x}}f(\boldsymbol{x},t)-\boldsymbol{K})^{\mathrm{T}}\boldsymbol{P}+\boldsymbol{P}(\boldsymbol{D}_{\boldsymbol{x}}f(\boldsymbol{x},t)-\boldsymbol{K})\\&=(\boldsymbol{D}_{\boldsymbol{x}}f(\boldsymbol{x},t))^{\mathrm{T}}\boldsymbol{P}+\boldsymbol{P}\boldsymbol{D}_{\boldsymbol{x}}f(\boldsymbol{x},t)-\boldsymbol{K}\boldsymbol{P}-\boldsymbol{P}\boldsymbol{K}\end{aligned}$$

式中，$\boldsymbol{P}$ 为选取适当维数的单位矩阵。

由于 $\bar{\boldsymbol{x}}(t)$ 是系统的解（嵌入混沌吸引子中的不稳定周期轨道），所以解 $\bar{\boldsymbol{x}}(t)$ 有界。记 $\bar{\boldsymbol{x}}(t)$ 的邻域为

$$B(\bar{\boldsymbol{x}},\varepsilon)=\left\{\boldsymbol{x}\,\|\boldsymbol{x}-\bar{\boldsymbol{x}}\|\leqslant\varepsilon,\varepsilon>0\right\}$$

于是，对任意有限 $\varepsilon < +\infty$， $B(\bar{\boldsymbol{x}},\varepsilon)$ 同样有界。

因为 $f(\boldsymbol{x},t)$ 是连续可微向量函数，故 $\boldsymbol{D}_x f(\boldsymbol{x},t)$ 在 $\boldsymbol{B}(\bar{\boldsymbol{x}},\varepsilon)$ 上有界，从而

$$\boldsymbol{M} = \{(\boldsymbol{D}_x f(\boldsymbol{x},t))^{\mathrm{T}} \boldsymbol{P} + \boldsymbol{P}\boldsymbol{D}_x f(\boldsymbol{x},t), \boldsymbol{x} \in B(\bar{\boldsymbol{x}},\varepsilon), 0 < \varepsilon < +\infty\}$$

为有界的 $n \times n$ 对称矩阵的集合。

因为实对称矩阵的特征值必为实数，所以 $\boldsymbol{M}$ 中每一元素均具有实特征值。又由 $\boldsymbol{M}$ 的有界性知，存在一实数 γ，使该集合矩阵的最大特征值小于 γ。

现取 $\boldsymbol{K} = k\boldsymbol{I}_n$。令集合 $\boldsymbol{M}$ 的任一元素 $(\boldsymbol{D}_x f(\boldsymbol{x},t))^{\mathrm{T}} \boldsymbol{P} + \boldsymbol{P}\boldsymbol{D}_x f(\boldsymbol{x},t)$ 的特征值为 $\lambda_i(x)$， $i = 1,2,\cdots,n$。于是， $\boldsymbol{Q}(\boldsymbol{x},t)$ 的特征值为 $\lambda_i(\boldsymbol{x}) - 2k$。

对 $\boldsymbol{x} \in B(\bar{\boldsymbol{x}},\varepsilon)$，有

$$\lambda_i(\boldsymbol{x}) - 2k < \gamma - 2k,$$

于是对充分大的 k，有 $\lambda_i(\boldsymbol{x}) - 2k < \gamma - 2k < 0$，即矩阵 $\boldsymbol{Q}(\boldsymbol{x},t)$ 的特征值均为负数，即 $\boldsymbol{Q}(\boldsymbol{x},t)$ 在 $B(\bar{\boldsymbol{x}},\varepsilon)$ 上一致负定。

综上所述，存在 $\boldsymbol{K} = k\boldsymbol{I}_n$ （k 充分大），存在 $\boldsymbol{P} = \boldsymbol{I}$，使

$$\boldsymbol{Q}(\boldsymbol{x},t) = (\boldsymbol{D}_x f(\boldsymbol{x},t) - \boldsymbol{K})^{\mathrm{T}} \boldsymbol{P} + \boldsymbol{P}(\boldsymbol{D}_x f(\boldsymbol{x},t) - \boldsymbol{K})$$

一致负定，由定理 2.1 知，解 $\boldsymbol{x} = \bar{\boldsymbol{x}}$ 是指数渐近稳定的。

2.2 超混沌 Lorenz 系统的闭环控制

一般来讲，一个确定性的动力系统有平衡、周期振荡、准周期振荡三种状态，而混沌振荡与上述三种状态迥然不同，它是一种服从确定性规律但具有随机性的运动，其运动在相空间没有确定的轨道，但轨道永不重复而且具有遍历性，是一种动力学振荡行为。

三维混沌系统结构较为简单，在物理上容易实现，但产生的混沌序列信号带宽相对较窄，容易导致混沌序列信号被数字滤波器过滤掉，所以，这样的混沌系统用于数字信息加密工程领域的效果不是很好，可能会失去加密的意义。而对于一个超混沌系统或者高频混沌系统而言，其产生的混沌序列信号有比较宽的带宽，不容易被数字滤波器过滤，这对于数字加密领域有非常重要的研究意义。

自 1979 年 Rössler[24]首先在四维 Rössler 系统中发现了超混沌以来，人们在对经典混沌系统的研究中相继提出了超混沌 Lü 系统等一系列超混沌系统，研究了其非线性动力学特性。低维混沌系统只有一个正的 Lyapunov 指数，而超混沌系统至少有两个正的 Lyapunov 指数，因而具有比低维混沌系统更复杂的动力学特性，对其控制与同步的研究是一个富有意义和极具挑战的工作。

本节根据 Routh-Hurwitz 判据、Lyapunov 稳定性理论研究超混沌 Lorenz 系统的线性及线性与非线性的混合控制问题。

2.2.1 超混沌 Lorenz 系统

1963 年美国气象学家 Lorenz[9]在研究区域小气候时发现了混沌运动，构建了著名的 Lorenz 系统，其方程描述为

$$\begin{cases}\dot{x}=a(y-x)\\ \dot{y}=cx-y-xz\\ \dot{z}=xy-bz\end{cases} \tag{2.10}$$

当 $a=10,b=8/3,c=28$ 时，Lorenz 系统式（2.10）具有混沌吸引子，呈混沌运动。文献[28]通过给 Lorenz 系统式（2.10）加入非线性控制器 w，令 $\dot{w}=-yz+rw$，得到系统

$$\begin{cases}\dot{x}=a(y-x)+w\\ \dot{y}=cx-y-xz\\ \dot{z}=xy-bz\\ \dot{w}=-yz+rw\end{cases} \tag{2.11}$$

当 $-1.51<r<-0.06$ 时，Lyapunov 指数 $\lambda_1>0,\lambda_2>0,\lambda_3=0,\lambda_4<0$。特别地，$r=-1$ 时，$\lambda_1=0.3381,\lambda_2=0.1586,\lambda_3=0,\lambda_4=-15.1752$。由此看到超混沌系统式（2.11）呈现超混沌行为，其混沌吸引子的投影如图 2.2 所示。

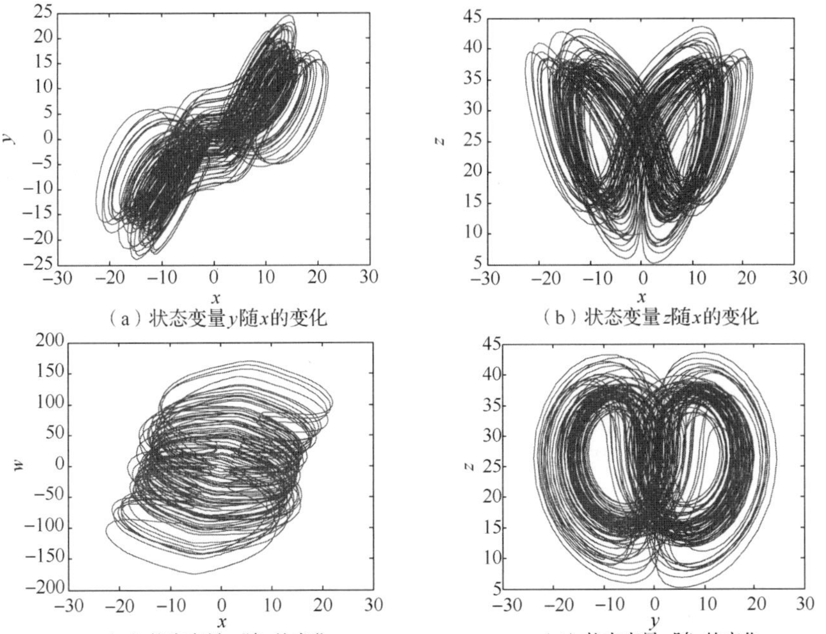

（a）状态变量y随x的变化 （b）状态变量z随x的变化 （c）状态变量w随x的变化 （d）状态变量z随y的变化

图 2.2 $r=-1$ 时，混沌系统式（2.11）的混沌吸引子的投影

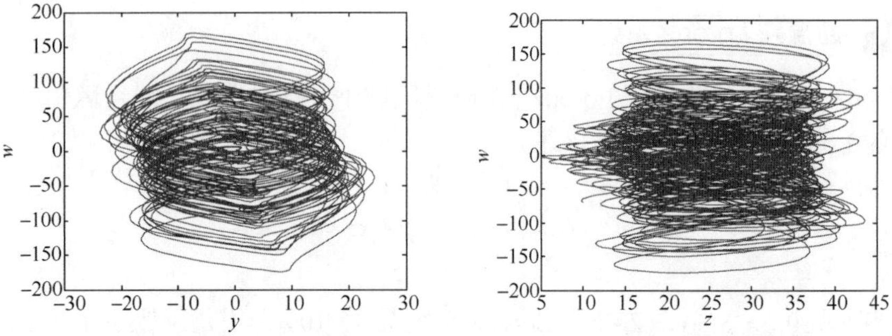

（e）状态变量w随y的变化　　（f）状态变量w随z的变化

图 2.2（续）

2.2.2 控制律的设计

超混沌系统式（2.11）在参数$a=10, b=8/3, c=28$，$r=-1$时有三个平衡点，原点是其中的一个平衡点。下面依据定理 2.2 研究对超混沌系统式（2.11）的线性反馈控制。

依据定理 2.2，考虑受控系统

$$\begin{cases}\dot{x}=a(y-x)+w-kx\\ \dot{y}=cx-y-xz-ky\\ \dot{z}=xy-bz-kz\\ \dot{w}=-yz+rw-kw\end{cases} \tag{2.12}$$

式中，$k>0$是常数。

受控系统式（2.12）在原点的 Jacobi 矩阵为

$$\boldsymbol{J}=\begin{pmatrix}-a-k & a & 0 & 0\\ c & -1-k & 0 & 0\\ 0 & 0 & -b-k & 0\\ 0 & 0 & 0 & r-k\end{pmatrix}$$

对应的特征方程

$$\lambda^4+c_1\lambda^3+c_2\lambda^2+c_3\lambda+c_4=0$$

的系数为

$$c_1=4k+\frac{44}{3}$$

$$c_2=6k^2+44k-227$$

$$c_3=4k^3+44k^2-455k-\frac{2882}{3}$$

$$c_4 = k^4 + \frac{44}{3}k^3 - 227k^2 - \frac{2882}{3}k - 720$$

容易验证，当 $k > 12$ 时，$c_i > 0, i = 1,2,3,4$，$c_1c_2 - c_3 > 0$，$c_1c_2c_3 - c_3^2 - c_1^2c_4 > 0$。根据劳斯-赫尔维茨（Routh-Hurwitz）定理，当 $k > 12$ 时，受控系统式（2.12）的解渐近稳定于平衡点 $(0,0,0,0)$。

2.2.3 数值仿真

选取初始值 $\boldsymbol{x}_0 = (0,-10,10,-70)^{\mathrm{T}}$。为了比较，在 $t = 10\mathrm{s}$ 时施加控制，由仿真结果看到在未加控制前系统是混沌的，然而在施加控制后混沌系统很快走向平衡点。图 2.3～图 2.6 是超混沌 Lorenz 系统在受控前后状态变量随时间 t 的变化图。

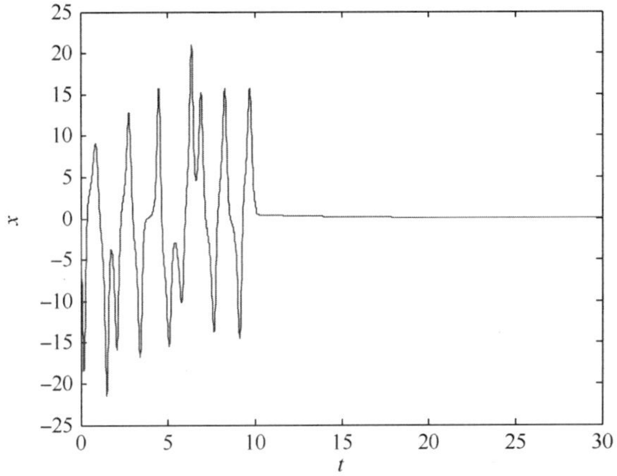

图 2.3　超混沌 Lorenz 系统式（2.12）状态变量 x 随时间 t 的变化

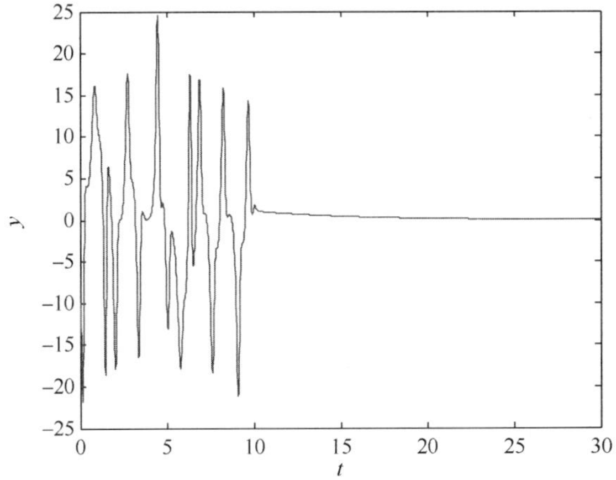

图 2.4　超混沌 Lorenz 系统式（2.12）状态变量 y 随时间 t 的变化

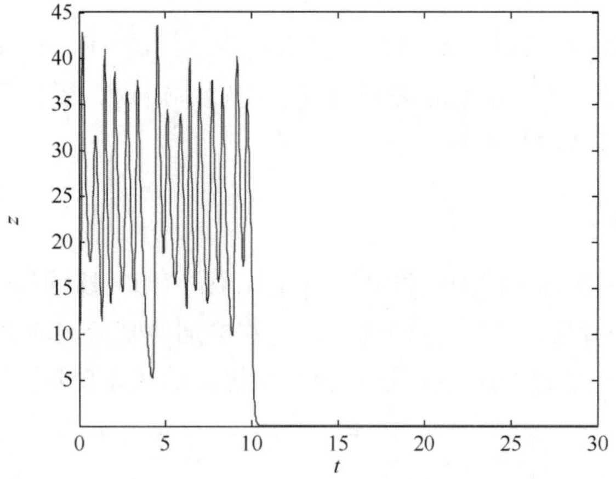

图 2.5　超混沌 Lorenz 系统式（2.12）状态变量 z 随时间 t 的变化

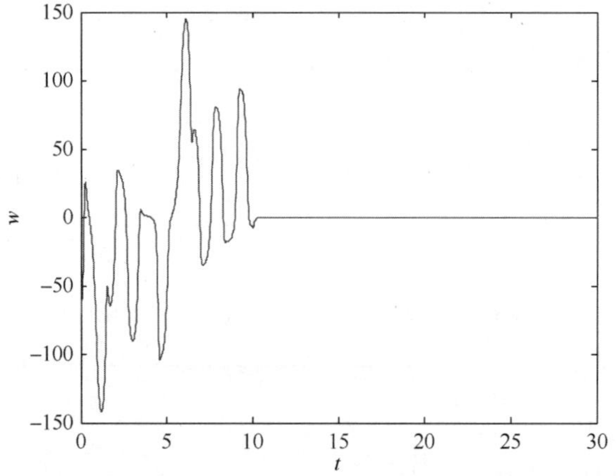

图 2.6　超混沌 Lorenz 系统式（2.12）状态变量 w 随时间 t 的变化

2.3　超混沌 Lorenz 系统的线性与非线性混合控制系统

本节依据 Lyapunov 稳定性理论研究对超混沌系统式（2.11）的线性与非线性混合反馈控制。

2.3.1 控制律的设计

考虑受控超混沌 Lorenz 系统

$$\begin{cases}\dot{x}=a(y-x)+w+u_1\\ \dot{y}=cx-y-xz+u_2\\ \dot{z}=xy-bz+u_3\\ \dot{w}=-yz+rw+u_4\end{cases} \tag{2.13}$$

式中，u_1,u_2,u_3,u_4 为控制律。取 $u_1=0,u_2=-ky,u_3=yw,u_4=0$，则 Lorenz 系统式（2.13）变为

$$\begin{cases}\dot{x}=a(y-x)+w\\ \dot{y}=cx-y-xz-ky\\ \dot{z}=xy-bz+yw\\ \dot{w}=-yz+rw\end{cases} \tag{2.14}$$

定义 Lyapunov 函数

$$V=\frac{1}{2}(x^2+y^2+z^2+w^2)$$

则 V 沿控制系统式（2.14）轨迹对时间 t 的导数

$$\begin{aligned}\dot{V}&=x\dot{x}+y\dot{y}+z\dot{z}+w\dot{w}\\ &=-ax^2-(k+1)y^2-bz^2+rw^2+(a+c)xy+xw\\ &=-(x,y,z,w)\begin{pmatrix} a & -\frac{a+c}{2} & 0 & -\frac{1}{2}\\ -\frac{a+c}{2} & k+1 & 0 & 0\\ 0 & 0 & b & 0\\ -\frac{1}{2} & 0 & 0 & -r\end{pmatrix}\begin{pmatrix}x\\ y\\ z\\ w\end{pmatrix}\end{aligned}$$

令

$$\boldsymbol{P}(k)=\begin{pmatrix} a & -\frac{a+c}{2} & 0 & -\frac{1}{2}\\ -\frac{a+c}{2} & k+1 & 0 & 0\\ 0 & 0 & b & 0\\ -\frac{1}{2} & 0 & 0 & -r\end{pmatrix}$$

显然，当矩阵 $\boldsymbol{P}(k)$ 正定时，$\dot{V}<0$。根据矩阵论知道，$\boldsymbol{P}(k)$ 正定的充要条件是 $\boldsymbol{P}(k)$ 的各阶顺序主子式全大于零。在此，由于 a,b,c 都大于零，$-1.51<r<-0.06$，

所以 $\boldsymbol{P}(k)$ 正定的条件是 $k>\dfrac{(a+c)^2}{4a}-1$ 和 $k>\dfrac{(a+c)^2}{-4ar-1}-1$ 同时成立。容易得到，当 $-1.51<r<-1$ 时，$k>\dfrac{(a+c)^2}{4a}-1$；当 $-1\leqslant r<-0.06$ 时，$k>\dfrac{(a+c)^2}{-4ar-1}-1$；当 $r=-1$ 时，$k>36.0256$ 就可保证矩阵 $\boldsymbol{P}(k)$ 正定，$\dot{V}<0$。由 Lyapunov 稳定性定理可知，原点是渐近稳定的。

2.3.2 数值仿真

选取初始值 $\boldsymbol{x}_0=(-20,30,4,60)^{\mathrm{T}}$，$k=37$。为了比较，在 $t=15\mathrm{s}$ 时施加控制，由仿真结果看到在未加控制前系统是混沌的，然而在施加控制后混沌系统很快走向平衡点。图 2.7～图 2.10 是超混沌 Lorenz 系统在受控前后状态变量随时间 t 的变化图。

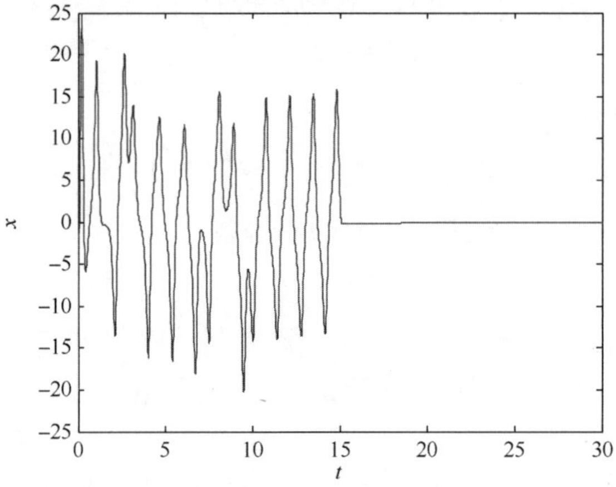

图 2.7　超混沌 Lorenz 系统式（2.14）状态变量 x 随时间 t 的变化

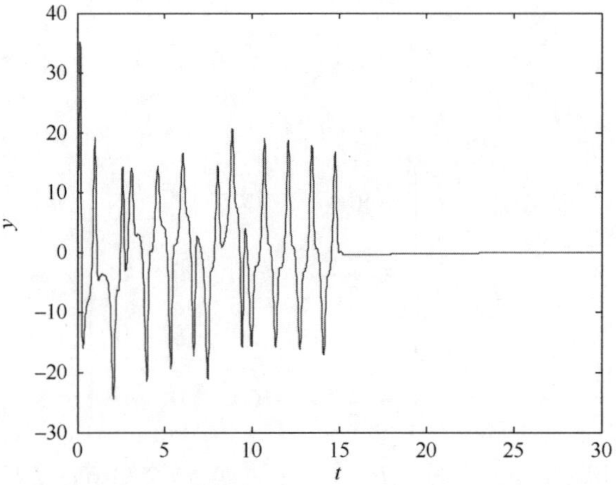

图 2.8　超混沌 Lorenz 系统式（2.14）状态变量 y 随时间 t 的变化

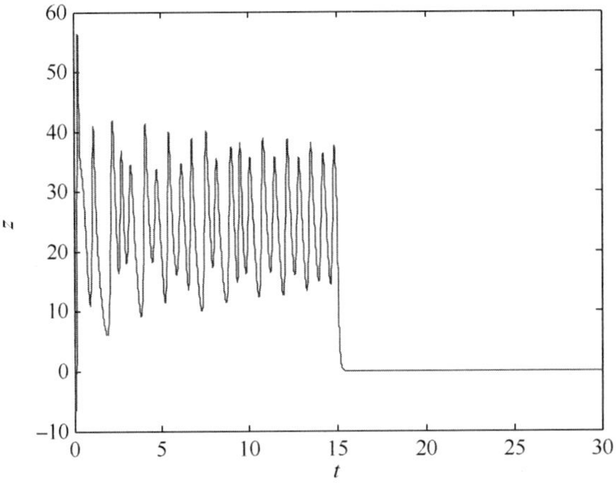

图 2.9　超混沌 Lorenz 系统式（2.14）状态变量 z 随时间 t 的变化

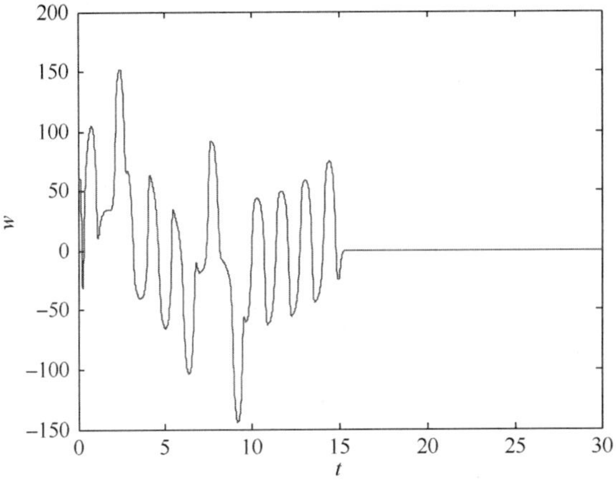

图 2.10　超混沌 Lorenz 系统式（2.14）状态变量 w 随时间 t 的变化

第3章
混沌系统的最优控制

最优控制理论是一种严格的数学解析方法，可实现性能指标的最优化，以期达到最佳的控制效果。具有广泛工程背景的线性二次型（linear quadratic）最优调节器问题就是一种典型的最优控制问题。线性二次型性能指标的提出实际上是对经典控制理论中系统瞬态性能、稳态性能及控制能量约束的综合考虑。

近年来，混沌系统的控制与同步问题是学术界、工程界的一个热点问题，人们自然地把最优控制理论和方法用于混沌系统的控制与同步问题研究。

Rafikov 和 Balthazar[43]对 Rössler 系统构造性能指标，找到了 HJB（Hamilton-Jacobi-Bellman，哈密顿-雅可比-贝尔曼）方程的解，给出了 Rössler 系统的最优控制策略。Yassen[44]为 Chen 系统设计了目标函数，用动态规划方法确定其最优控制律。刘丁等[45]对离散系统设计二次性能指标，也是用动态规划方法确定其最优控制律。El-Gohary 和 Sarhan[46,47]同样是用动态规划的方法研究了参数不确定 Lorenz 系统和 Rössler 系统的最优控制与同步。

本章根据控制系统能量限制的要求，对受控系统首先设计一个二次目标函数，把控制问题转化为一个非线性的二次优化问题，并给出两个求解方法：线性化方法和二级算法，对系统的稳定性和算法的收敛性进行理论分析，并用数值方法验证方法是正确的和有效的。

3.1　基于 LQ 问题的混沌系统控制

3.1.1　无限时间的线性二次型最优控制[120]

线性二次型最优控制问题简称 LQ 问题。L 是指受控系统限定为线性系统，Q 是指性能指标函数为二次型函数的积分。有限时间 LQ 问题和无限时间 LQ 问题的区别在于，前者只是考虑系统在过渡过程中的最优运行，后者则还需考虑系统趋于平衡状态时的渐近行为。在控制过程中，无限时间 LQ 问题通常更有意义和更为实用。

无限时间时不变 LQ 问题为

$$\begin{cases} \dot{\boldsymbol{x}} = \boldsymbol{A}\boldsymbol{x} + \boldsymbol{B}\boldsymbol{u}, \quad \boldsymbol{x}(0) = \boldsymbol{x}_0, t \in [0, \infty) \\ J = \dfrac{1}{2}\displaystyle\int_0^{\infty} [\boldsymbol{x}^{\mathrm{T}}\boldsymbol{Q}\boldsymbol{x} + \boldsymbol{u}^{\mathrm{T}}\boldsymbol{R}\boldsymbol{u}]\mathrm{d}t \end{cases} \tag{3.1}$$

式中，$\boldsymbol{x} \in \mathbf{R}^n$ 是状态向量；$\boldsymbol{A} \in \mathbf{R}^{n\times n}, \boldsymbol{B} \in \mathbf{R}^{n\times m}$ 都是常数矩阵；$\boldsymbol{u} \in \mathbf{R}^{m\times m}$ 是控制向量，$\{\boldsymbol{A},\boldsymbol{B}\}$ 为完全能控；$\boldsymbol{Q} \in \mathbf{R}^{n\times n}, \boldsymbol{R} \in \mathbf{R}^{m\times m}$ 是正定对称矩阵。

下面给出无限时间时不变 LQ 问题的最优解及相关的一些结论。

1. 矩阵黎卡提（Riccati）方程解阵的特性

对无限时间时不变 LQ 问题式（3.1），对应的矩阵 Riccati 微分方程具有形式

$$\begin{cases} -\dot{\boldsymbol{P}}(t) = \boldsymbol{P}(t)\boldsymbol{A} + \boldsymbol{A}^{\mathrm{T}}\boldsymbol{P}(t) + \boldsymbol{Q} - \boldsymbol{P}(t)\boldsymbol{B}\boldsymbol{R}^{-1}\boldsymbol{B}^{\mathrm{T}}\boldsymbol{P}(t) \\ \boldsymbol{P}(t_{\mathrm{f}}) = 0, t \in [0, t_{\mathrm{f}}], t_{\mathrm{f}} \to \infty \end{cases} \tag{3.2}$$

现令 $n\times n$ 解阵为 $\boldsymbol{P}(t) = \boldsymbol{P}(t,0,t_{\mathrm{f}})$，以反映对末时刻 t_{f} 和终端条件 $\boldsymbol{P}(t_{\mathrm{f}}) = \boldsymbol{0}$ 的依赖关系。对解阵 $\boldsymbol{P}(t) = \boldsymbol{P}(t,0,t_{\mathrm{f}})$，下面不加证明地给出它的一些基本属性。

性质 3.1　对任意 $\boldsymbol{x}_0 \neq \boldsymbol{0}$，都对应存在不依赖 t_{f} 的一个正实数 $m(0,\boldsymbol{x}_0)$，使

$$\boldsymbol{x}_0^{\mathrm{T}}\boldsymbol{P}(0,0,t_{\mathrm{f}})\boldsymbol{x}_0 \leqslant m(0,\boldsymbol{x}_0) < \infty \tag{3.3}$$

对一切 $t_{\mathrm{f}} \geqslant 0$ 成立。

性质 3.2　对任意 $t > 0$，解阵 $\boldsymbol{P}(t) = \boldsymbol{P}(t,0,t_{\mathrm{f}})$ 当末时刻 $t_{\mathrm{f}} \to \infty$ 的极限必存在，即

$$\lim_{t_{\mathrm{f}}\to\infty} \boldsymbol{P}(t,0,t_{\mathrm{f}}) = \boldsymbol{P}(t,0,\infty) \tag{3.4}$$

性质 3.3 解阵 $\boldsymbol{P}(t)=\boldsymbol{P}(t,0,t_f)$ 当末时刻 $t_f\to\infty$ 的极限为不依赖 t 的一个常阵，即

$$\boldsymbol{P}(t,0,\infty)=\boldsymbol{P} \tag{3.5}$$

性质 3.4 常阵 $\boldsymbol{P}(t,0,\infty)=\boldsymbol{P}$ 为下列无限时间时不变 LQ 问题的矩阵 Riccati 代数方程

$$\boldsymbol{PA}+\boldsymbol{A}^{\mathrm{T}}\boldsymbol{P}+\boldsymbol{Q}-\boldsymbol{PBRB}^{\mathrm{T}}\boldsymbol{P}=\boldsymbol{0} \tag{3.6}$$

的解。

性质 3.5 矩阵 Riccati 代数方程式（3.6）在 $\boldsymbol{R}=\boldsymbol{R}^{\mathrm{T}}>0,\boldsymbol{Q}=\boldsymbol{Q}^{\mathrm{T}}>0$ 的条件下，必有唯一正定对称解阵 $\boldsymbol{P}$ 。

2. 无限时间时不变 LQ 问题的最优解

定理 3.1 给定无限时间时不变 LQ 问题式（3.1），组成对应的矩阵 Riccati 代数方程式（3.6），解阵 $\boldsymbol{P}$ 为 $n\times n$ 正定对称阵，则 $\boldsymbol{u}^*(\cdot)$ 为最优控制的充分必要条件是具有形式

$$\boldsymbol{u}^*(t)=-\boldsymbol{K}^*\boldsymbol{x}^*(t)\text{，}\quad \boldsymbol{K}^*=\boldsymbol{R}^{-1}\boldsymbol{B}^{\mathrm{T}}\boldsymbol{P} \tag{3.7}$$

最优轨线 $\boldsymbol{x}^*(\cdot)$ 为下述状态方程的解：

$$\dot{\boldsymbol{x}}^*(t)=\boldsymbol{A}\boldsymbol{x}^*(t)+\boldsymbol{B}\boldsymbol{u}^*(t),\quad \boldsymbol{x}^*(0)=\boldsymbol{x}_0 \tag{3.8}$$

最优性能值 $J^*=J(\boldsymbol{u}^*(\cdot))$ 为

$$J^*=\boldsymbol{x}_0^{\mathrm{T}}\boldsymbol{P}\boldsymbol{x}_0,\forall\boldsymbol{x}_0\neq\boldsymbol{0} \tag{3.9}$$

3. 最优控制的状态反馈属性

定理 3.2 对无限时间时不变 LQ 问题式（3.1），最优控制具有状态反馈的形式，状态反馈矩阵为

$$\boldsymbol{K}^*=\boldsymbol{R}^{-1}\boldsymbol{B}^{\mathrm{T}}\boldsymbol{P} \tag{3.10}$$

4. 最优调节系统的状态空间描述

定理 3.3 对无限时间时不变 LQ 问题式（3.1），最优系统保持为时不变，状态空间描述为

$$\dot{\boldsymbol{x}}^*=(\boldsymbol{A}-\boldsymbol{BR}^{-1}\boldsymbol{B}^{\mathrm{T}}\boldsymbol{P})\boldsymbol{x}^*\text{，}\quad \boldsymbol{x}^*(0)=\boldsymbol{x}_0\text{，}\quad t\geqslant 0 \tag{3.11}$$

5. 最优调节系统的渐近稳定性

定理 3.4 对无限时间时不变 LQ 问题式（3.1），其中 $\boldsymbol{R}=\boldsymbol{R}^{\mathrm{T}}>0,\boldsymbol{Q}=\boldsymbol{Q}^{\mathrm{T}}>0$，则最优系统式（3.11）必为大范围渐近稳定。

3.1.2 混沌控制

1. 问题描述

考虑受控混沌系统

$$\dot{\boldsymbol{x}} = f(\boldsymbol{x}) + \boldsymbol{B}\boldsymbol{u} \tag{3.12}$$

式中，$\boldsymbol{x} \in \mathbf{R}^n$ 是状态向量；$f(\boldsymbol{x}) \in \mathbf{R}^n$ 是连续可微向量函数；$\boldsymbol{B} \in \mathbf{R}^{n\times m}$ 是常数矩阵；$\boldsymbol{u} \in \mathbf{R}^m$ 是控制向量。不妨设 $\boldsymbol{x} = \boldsymbol{0}$ 为系统的一个平衡点。

从物理上看，状态 $\boldsymbol{x}$ 的二次型函数积分代表“运动能量”，控制 $\boldsymbol{u}$ 的二次型函数积分代表“控制能量”，因此为衡量对系统控制所消耗能量的大小，对混沌系统式（3.12）定义性能指标

$$J = \frac{1}{2}\int_0^{\infty} [\boldsymbol{x}^{\mathrm{T}}\boldsymbol{Q}\boldsymbol{x} + \boldsymbol{u}^{\mathrm{T}}\boldsymbol{R}\boldsymbol{u}]\mathrm{d}t \tag{3.13}$$

式中，$\boldsymbol{Q} \in \mathbf{R}^{n\times n}, \boldsymbol{R} \in \mathbf{R}^{m\times m}$ 是正定对称矩阵。

本节的目的是对混沌系统式（3.12）寻找最优控制律 $\boldsymbol{u}^*(\boldsymbol{x})$，既使混沌系统式（3.12）稳定，也使由式（3.13）描述的性能指标 J 取最小值。即求解如下优化问题：

$$\begin{cases} \min\limits_{\boldsymbol{u}} \ \boldsymbol{J} \\ \text{s.t.} \ \ \dot{\boldsymbol{x}} = f(\boldsymbol{x}) + \boldsymbol{B}\boldsymbol{u} \end{cases} \tag{3.14}$$

对优化问题式（3.14），根据动态规划的贝尔曼（Bellman）最优性原理，最优控制律的获得需要求解哈密顿-雅可比-贝尔曼方程（Hamilton-Jacobi-Bellman equation，HJB 方程），但 HJB 方程一般不能求得其解析解。

2. 混沌系统的控制律设计

对式（3.14）中的非线性函数 $f(\boldsymbol{x})$，根据 Taylor 定理

$$f(\boldsymbol{x}) = f(\boldsymbol{0}) + \frac{\partial f}{\partial \boldsymbol{x}}(\boldsymbol{0})\boldsymbol{x} + g(\boldsymbol{x})$$

式中，$g(\boldsymbol{x})$ 满足 $\lim\limits_{\|\boldsymbol{x}\|\to 0}\frac{\|g(\boldsymbol{x})\|}{\|\boldsymbol{x}\|} = 0$，$\|\cdot\|$ 是向量 2-范数。由 $f(\boldsymbol{0}) = \boldsymbol{0}$，混沌系统式（3.12）变为系统

$$\dot{\boldsymbol{x}} = \boldsymbol{A}\boldsymbol{x} + g(\boldsymbol{x}) \tag{3.15}$$

式中，$\boldsymbol{A} = \frac{\partial f}{\partial \boldsymbol{x}}(\boldsymbol{0})$。

为了获得混沌系统式（3.12）的最优控制律，考虑如下二次型最优控制问题：

$$\begin{cases}\min\limits_{u} J' \\ \text{s.t.}\quad \dot{\boldsymbol{y}} = \boldsymbol{A}\boldsymbol{y} + \boldsymbol{B}\boldsymbol{u}\end{cases} \tag{3.16}$$

式中，$J' = \dfrac{1}{2}\int_0^{\infty}[\boldsymbol{y}^{\mathrm{T}}\boldsymbol{Q}\boldsymbol{y} + \boldsymbol{u}^{\mathrm{T}}\boldsymbol{R}\boldsymbol{u}]\mathrm{d}t$，$\boldsymbol{Q},\boldsymbol{R}$ 与式（3.13）中相同；$\boldsymbol{B} \in \mathbf{R}^{n\times m}$ 与式（3.12）中相同，且 $\{\boldsymbol{A},\boldsymbol{B}\}$ 完全可控；$\boldsymbol{u} \in \mathbf{R}^{m}$ 是控制向量。

由线性二次型最优控制理论可知，由式（3.16）描述问题的最优控制律为

$$\boldsymbol{u}^{*} = -\boldsymbol{R}^{-1}\boldsymbol{B}^{\mathrm{T}}\boldsymbol{P}\boldsymbol{y} \tag{3.17}$$

式中，$\boldsymbol{P}$ 是里卡蒂（Riccati）方程

$$\boldsymbol{P}\boldsymbol{A} + \boldsymbol{A}^{\mathrm{T}}\boldsymbol{P} - \boldsymbol{P}\boldsymbol{B}\boldsymbol{R}^{-1}\boldsymbol{B}^{\mathrm{T}}\boldsymbol{P} + \boldsymbol{Q} = \boldsymbol{0} \tag{3.18}$$

的解。最优性能指标 $J'^{*} = \dfrac{1}{2}\boldsymbol{y}^{\mathrm{T}}(0)\boldsymbol{P}\boldsymbol{y}(0)$。

令

$$\boldsymbol{u} = -\boldsymbol{R}^{-1}\boldsymbol{B}^{\mathrm{T}}\boldsymbol{P}\boldsymbol{x} \tag{3.19}$$

以 $\boldsymbol{u} = -\boldsymbol{R}^{-1}\boldsymbol{B}^{\mathrm{T}}\boldsymbol{P}\boldsymbol{x}$ 作为控制律施于混沌系统式（3.12）后，式（3.12）变为

$$\dot{\boldsymbol{x}} = (\boldsymbol{A} - \boldsymbol{B}\boldsymbol{R}^{-1}\boldsymbol{B}^{\mathrm{T}}\boldsymbol{P})\boldsymbol{x} + g(\boldsymbol{x}) \tag{3.20}$$

下面证明 $\boldsymbol{u} = -\boldsymbol{R}^{-1}\boldsymbol{B}^{\mathrm{T}}\boldsymbol{P}\boldsymbol{x}$，即使混沌系统式（3.12）稳定，也是由式（3.13）描述的优化问题的最优解 $\boldsymbol{u}^{*}$，最优性能指标 $J^{*} = J'^{*} = \dfrac{1}{2}\boldsymbol{x}^{\mathrm{T}}(0)\boldsymbol{P}\boldsymbol{x}(0)$。

3. 系统稳定性

定理 3.5 由式（3.20）描述的系统在原点是渐近稳定的。

证明 由 $\boldsymbol{Q} \in \mathbf{R}^{n\times n}, \boldsymbol{P} \in \mathbf{R}^{n\times n}, \boldsymbol{R} \in \mathbf{R}^{m\times m}$ 是正定对称矩阵，Riccati 方程式（3.18）的解 $\boldsymbol{P}$ 为正定的。

对式（3.20），取 Lyapunov 函数为 $V(\boldsymbol{x}) = \boldsymbol{x}^{\mathrm{T}}\boldsymbol{P}\boldsymbol{x}$，则 $V(\boldsymbol{x})$ 沿系统轨线的导数为

$$\begin{aligned}\dot{V} &= [(\boldsymbol{A} - \boldsymbol{B}\boldsymbol{R}^{-1}\boldsymbol{B}^{\mathrm{T}}\boldsymbol{P})\boldsymbol{x} + g(\boldsymbol{x})]^{\mathrm{T}}\boldsymbol{P}\boldsymbol{x} + \boldsymbol{x}^{\mathrm{T}}\boldsymbol{P}[(\boldsymbol{A} - \boldsymbol{B}\boldsymbol{R}^{-1}\boldsymbol{B}^{\mathrm{T}}\boldsymbol{P})\boldsymbol{x} + g(\boldsymbol{x})] \\ &= \boldsymbol{x}^{\mathrm{T}}(\boldsymbol{P}\boldsymbol{A} + \boldsymbol{A}^{\mathrm{T}}\boldsymbol{P} - \boldsymbol{P}\boldsymbol{B}\boldsymbol{R}^{-1}\boldsymbol{B}^{\mathrm{T}}\boldsymbol{P})\boldsymbol{x} + \boldsymbol{x}^{\mathrm{T}}(-\boldsymbol{P}\boldsymbol{B}\boldsymbol{R}^{-1}\boldsymbol{B}^{\mathrm{T}}\boldsymbol{P})\boldsymbol{x} + 2\boldsymbol{x}^{\mathrm{T}}\boldsymbol{P}g(\boldsymbol{x}) \\ &= \boldsymbol{x}^{\mathrm{T}}(-\boldsymbol{Q})\boldsymbol{x} + 2\boldsymbol{x}^{\mathrm{T}}\boldsymbol{P}g(\boldsymbol{x}) + \boldsymbol{x}^{\mathrm{T}}(-\boldsymbol{P}\boldsymbol{B}\boldsymbol{R}^{-1}\boldsymbol{B}^{\mathrm{T}}\boldsymbol{P})\boldsymbol{x}\end{aligned}$$

令

$$V_1 = \boldsymbol{x}^{\mathrm{T}}(-\boldsymbol{Q})\boldsymbol{x} + 2\boldsymbol{x}^{\mathrm{T}}\boldsymbol{P}g(\boldsymbol{x}),\quad V_2 = \boldsymbol{x}^{\mathrm{T}}(-\boldsymbol{P}\boldsymbol{B}\boldsymbol{R}^{-1}\boldsymbol{B}^{\mathrm{T}}\boldsymbol{P})\boldsymbol{x}$$

显然 $V_2 \leqslant 0$，所以只要 $V_1 \leqslant 0$ 时，$\dot{V} \leqslant 0$。

由函数 $g(x)$ 满足 $\lim\limits_{\|x\|\to 0}\dfrac{\|g(\boldsymbol{x})\|}{\|\boldsymbol{x}\|}=0$，有 $\forall\varepsilon>0,\ \exists\delta>0$，当 $\|\boldsymbol{x}\|<\delta$ 时，

$$\frac{\|g(\boldsymbol{x})\|}{\|\boldsymbol{x}\|}<\varepsilon$$

因此，对于任意的 $\varepsilon>0$，$\|g(\boldsymbol{x})\|<\varepsilon\|\boldsymbol{x}\|,\ \forall\|\boldsymbol{x}\|<\delta$，又 $\boldsymbol{x}^{\mathrm{T}}\boldsymbol{Q}\boldsymbol{x}\geqslant\lambda_{\min}(\boldsymbol{Q})\|\boldsymbol{x}\|^2$

$$\begin{aligned}2\boldsymbol{x}^{\mathrm{T}}\boldsymbol{P}g(\boldsymbol{x})&\leqslant 2\left|\boldsymbol{x}^{\mathrm{T}}\boldsymbol{P}g(\boldsymbol{x})\right|\leqslant 2\left\|\boldsymbol{x}^{\mathrm{T}}\boldsymbol{P}\right\|\cdot\|g(\boldsymbol{x})\|\\&=2\sqrt{\boldsymbol{x}^{\mathrm{T}}\boldsymbol{P}\boldsymbol{P}\boldsymbol{x}}\cdot\|g(\boldsymbol{x})\|\leqslant 2\sqrt{\lambda_{\max}(\boldsymbol{P}^2)}\cdot\|\boldsymbol{x}\|\cdot\|g(\boldsymbol{x})\|\end{aligned}$$

式中，$\lambda_{\min}(\cdot)$ 表示矩阵的最小特征值；$\lambda_{\max}(\cdot)$ 表示矩阵的最大特征值。注意，由于 $\boldsymbol{Q}$ 和 $\boldsymbol{P}$ 都是对称且正定的，所以 $\lambda_{\min}(\boldsymbol{Q})$ 和 $\lambda_{\max}(\boldsymbol{P}^2)$ 为正实数，因此

$$V_1<-[\lambda_{\min}(\boldsymbol{Q})-2\varepsilon\lambda_{\max}(\boldsymbol{P}^2)]\|\boldsymbol{x}\|^2,\qquad\forall\|\boldsymbol{x}\|<\delta$$

由于 $\lambda_{\min}(\boldsymbol{Q})$ 及 $\lambda_{\max}(\boldsymbol{P}^2)$ 是确定的量，所以存在正数 ε 满足 $\varepsilon<\dfrac{\lambda_{\min}(\boldsymbol{Q})}{2\lambda_{\max}(\boldsymbol{P}^2)}$，以保证 V_1 负定，从而 $\dot{V}\leqslant 0$。由 Lyapunov 稳定性定理可知，原点是渐近稳定的。定理证毕。

3.1.3 数值仿真

2002 年，Lü 等[83]提出由下面方程所描述的一类混沌系统

$$\begin{cases}\dot{x}_1=(25\alpha+10)(x_2-x_1)\\\dot{x}_2=(28-35\alpha)x_1-x_1x_3+(29\alpha-1)x_2\\\dot{x}_3=x_1x_2-\left(\dfrac{\alpha+8}{3}\right)x_3\end{cases}\tag{3.21}$$

式中，x_1,x_2,x_3 是系统状态变量；$\alpha\in[0,1]$ 是系统参数。对任意 $\alpha\in[0,1]$，混沌系统式（3.21）都是混沌的，且当 $0\leqslant\alpha<0.8$ 时，式（3.21）是广义的 Lorenz 混沌系统；当 $\alpha=0.8$ 时，式（3.21）是 Lü 混沌系统；当 $0.8<\alpha\leqslant 1$ 时，式（3.21）是广义的 Chen 混沌系统。

该方程在原点的 Jacobi 矩阵为

$$\boldsymbol{A}=\begin{pmatrix}-(25\alpha+10)&(25\alpha+10)&0\\28-35\alpha&29\alpha-1&0\\0&0&-\dfrac{8+\alpha}{3}\end{pmatrix}$$

经计算可知它有一个特征值为正，所以线性化后的系统是不稳定的。

取 $\boldsymbol{B}$ 为三阶单位矩阵，已知 $\begin{pmatrix}\boldsymbol{B} & \boldsymbol{AB} & \boldsymbol{A}^2\boldsymbol{B}\end{pmatrix}$ 的秩为 3，所以线性系统 $\dot{\boldsymbol{x}}=\boldsymbol{Ax}+\boldsymbol{Bu}$ 是可控的，则受控统一混沌系统方程为

$$\begin{cases}\dot{x}_1=(25\alpha+10)(x_2-x_1)+u_1\\ \dot{x}_2=(28-35\alpha)x_1-x_1x_3+(29\alpha-1)x_2+u_2\\ \dot{x}_3=x_1x_2-\left(\dfrac{\alpha+8}{3}\right)x_3+u_3\end{cases}$$

取

$$\boldsymbol{R}=\begin{pmatrix}1&0&0\\0&1&0\\0&0&1\end{pmatrix},\quad \boldsymbol{Q}=\begin{pmatrix}1&0&0\\0&4&0\\0&0&20\end{pmatrix}$$

由式(3.18)得矩阵 $\boldsymbol{P}$，再由式(3.19)得混沌系统式(3.21)控制律为 $\boldsymbol{u}=-\boldsymbol{R}^{-1}\boldsymbol{B}^{\mathrm{T}}\boldsymbol{Px}$。

仿真Ⅰ：取 $\alpha=0$，式(3.21)是 Lorenz 混沌系统。求解 Riccati 方程式(3.18)，可得控制律为

$$\boldsymbol{u}=-\boldsymbol{R}^{-1}\boldsymbol{B}^{\mathrm{T}}\boldsymbol{Px}=-\begin{pmatrix}14.7905&11.5553&0\\11.5553&9.1282&0\\0&0&7.8735\end{pmatrix}\boldsymbol{x}$$

性能指标最小值 $J^*=11.332$。

选取初始值为 $\boldsymbol{x}=(1,0,-1)^{\mathrm{T}}$。为了比较，在 $t=20\mathrm{s}$ 时施加控制，由仿真结果看到，在未加控制前系统是混沌的，然而在施加控制后混沌系统很快走向平衡点。图 3.1～图 3.3 是 Lorenz 混沌系统在受控前后状态变量随时间 t 的变化图。

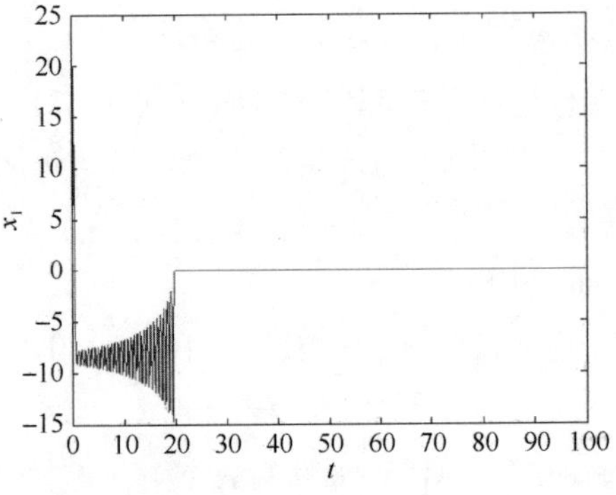

图 3.1　Lorenz 混沌系统状态变量 x_1 随时间 t 的变化

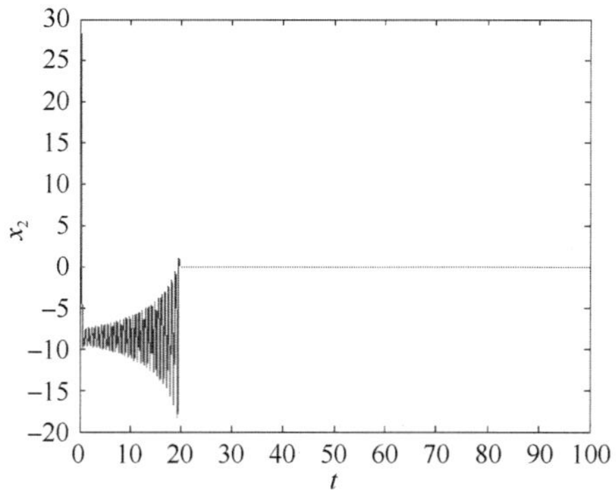

图 3.2　Lorenz 混沌系统状态变量 x_2 随时间 t 的变化

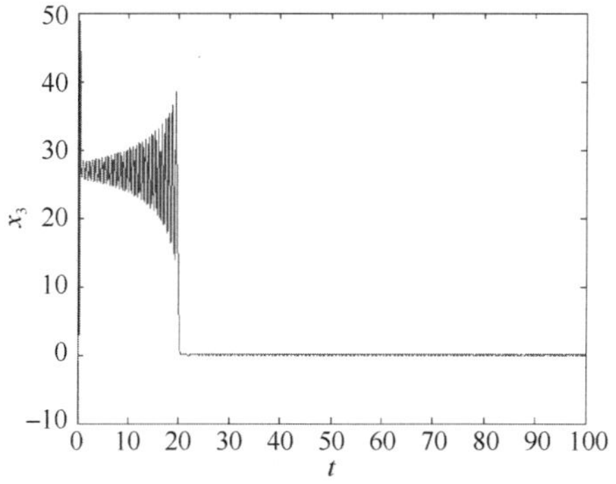

图 3.3　Lorenz 混沌系统状态变量 x_3 随时间 t 的变化

仿真Ⅱ：取 $\alpha = 0.8$，式（3.21）是 Lü 混沌系统。求解 Riccati 方程式（3.18），可得控制律为

$$\boldsymbol{u} = -\boldsymbol{R}^{-1}\boldsymbol{B}^{\mathrm{T}}\boldsymbol{P}\boldsymbol{x} = -\begin{pmatrix} 0.0167 & 0.0096 & 0 \\ 0.0096 & 44.5028 & 0 \\ 0 & 0 & 8.2816 \end{pmatrix}\boldsymbol{x}$$

性能指标最小值 $J^{*} = 4.1492$ 。

选取初始值 $\boldsymbol{x} = (1,0,1)^{\mathrm{T}}$ 。为了比较，在 $t = 20\mathrm{s}$ 时施加控制，由仿真结果可知，在未加控制前系统是混沌的，然而在施加控制后混沌系统很快走向平衡点。图 3.4～图 3.6 是 Lü 混沌系统在受控前后状态变量随时间 t 的变化图。

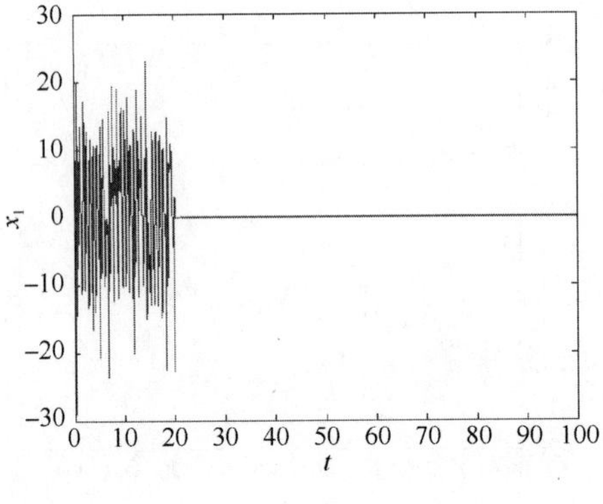

图 3.4　Lü 混沌系统状态变量 x_1 随时间 t 的变化

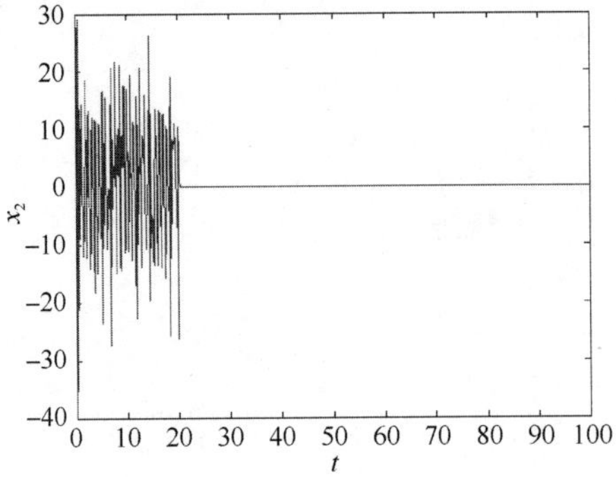

图 3.5　Lü 混沌系统状态变量 x_2 随时间 t 的变化

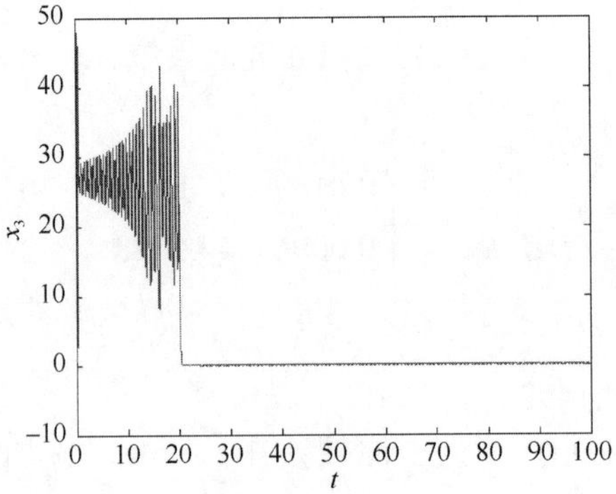

图 3.6　Lü 混沌系统状态变量 x_3 随时间 t 的变化

仿真III：取 $\alpha=1$，式（3.21）是 Chen 混沌系统。求解 Riccati 方程式（3.18），可得控制律为

$$\boldsymbol{u}=-\boldsymbol{R}^{-1}\boldsymbol{B}^{\mathrm{T}}\boldsymbol{P}\boldsymbol{x}=-\begin{pmatrix}0.6791 & -5.5855 & 0\\ -5.5855 & 47.1264 & 0\\ 0 & 0 & 2.3852\end{pmatrix}\boldsymbol{x}$$

性能指标最小值 $J^*=1.5321$。

选取初始值 $\boldsymbol{x}=(1,0,-1)^{\mathrm{T}}$。为了比较，在 $t=30\mathrm{s}$ 时施加控制，由仿真结果可知，在未加控制前系统是混沌的，然而在施加控制后混沌系统很快走向平衡点。图 3.7～图 3.9 是 Chen 混沌系统在受控前后状态变量随时间 t 的变化图。

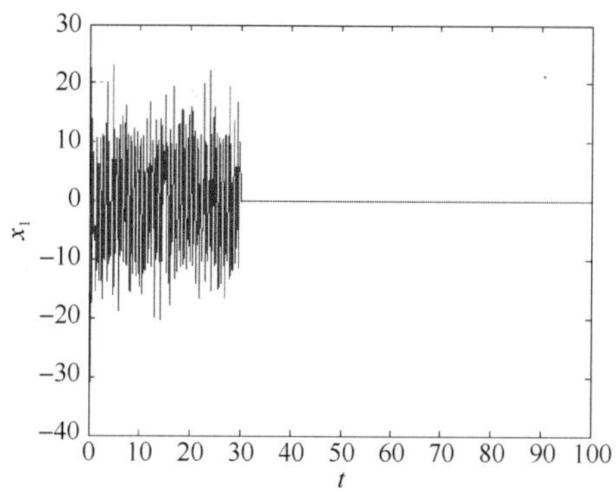

图 3.7 Chen 混沌系统状态变量 x_1 随时间 t 的变化

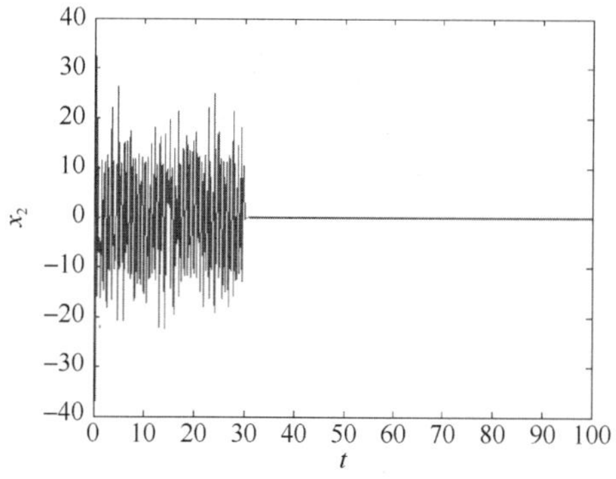

图 3.8 Chen 混沌系统状态变量 x_2 随时间 t 的变化

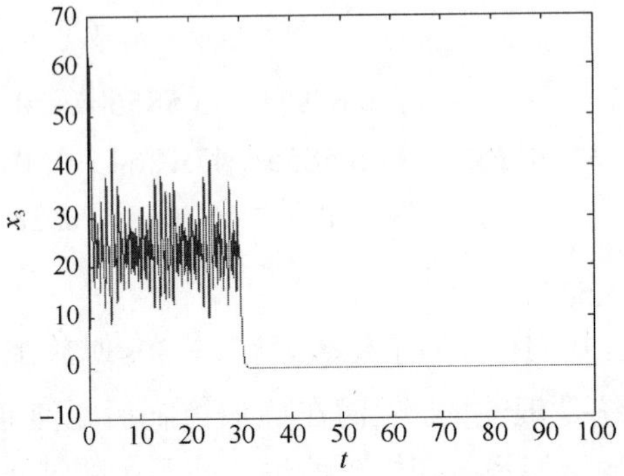

图 3.9 Chen 混沌系统状态变量 x_3 随时间 t 的变化

3.2 基于二级算法的混沌系统控制

3.2.1 非线性系统的递阶控制简介[121]

对于非线性系统的最优控制问题，现代最优控制原则上已给出了求解的途径，即构成这一问题的哈密顿（Hamilton）函数，并导出一系列极值必要条件，其中包括非线性的两点边值问题，然后通过梯度法、拟线性法等求解。当系统维数很高时，涉及的计算量及内存往往是计算机不能胜任的，这就是所谓的“维数灾”。因此，在系统的控制中通常用“分解-协调”的方法。

所谓分解，这里是指把复杂的整体问题分解为简单的子问题分别求解。但由于子问题之间存在着复杂的关联，对各子问题分别求得的解，一般并不是整体问题的解，它们甚至还是冲突的。所谓协调，则是按系统的整体目标和关联约束协调这些结果，以求得整体问题的解。“分解-协调”的策略即首先相对固定某些复杂因素使问题简化，然后考虑这些因素的联系与变动，使之回到原问题，体现了人们在处理复杂问题时常用的方法。

考虑渐近稳定的非线性动态系统

$$\dot{\boldsymbol{x}} = f(\boldsymbol{x}, u, t)$$

优化目标是使下列非线性目标函数取极小值

$$\min_{\boldsymbol{u}} J = \int_0^T g(\boldsymbol{x}, \boldsymbol{u}, t)\mathrm{d}t$$

为了便于讨论，不妨假设系统的平衡点 $\boldsymbol{x}^0 = \boldsymbol{0}$，$\boldsymbol{u}^0 = \boldsymbol{0}$。

在处理这类最一般的非线性优化问题时，所采用的指导思想如下：

1）为了克服非线性带来的困难，要把非线性问题转化为线性问题处理。

2）为了实现计算的分散化，要把不可分问题转化为可分问题处理。

为此，采用预估和迭代求解方法。

首先，把 $f(\boldsymbol{x},\boldsymbol{u},t)$ 在平衡点处展开为 Taylor 级数，并隔离出其中的线性项，即

$$f(\boldsymbol{x},\boldsymbol{u},t)=\boldsymbol{A}\boldsymbol{x}+\boldsymbol{B}\boldsymbol{u}+\boldsymbol{D}(\boldsymbol{x},\boldsymbol{u},t)$$

式中，$\boldsymbol{A}=\left.\dfrac{\partial f}{\partial \boldsymbol{x}}\right|_{x^0,u^0},\boldsymbol{B}=\left.\dfrac{\partial f}{\partial \boldsymbol{u}}\right|_{x^0,u^0}$，$D(\boldsymbol{x},\boldsymbol{u},t)=f(\boldsymbol{x},\boldsymbol{u},t)-\boldsymbol{A}\boldsymbol{x}-\boldsymbol{B}\boldsymbol{u}$。

同样地，目标函数 J 也可以改写为 $\boldsymbol{x},\boldsymbol{u}$ 的可分二次型和剩余部分的组合：

$$J=\int_0^T\left[\frac{1}{2}\|\boldsymbol{x}\|_{\boldsymbol{Q}}^2+\frac{1}{2}\|\boldsymbol{u}\|_{\boldsymbol{R}}^2+G(\boldsymbol{x},\boldsymbol{u},t)\right]\mathrm{d}t$$

式中，$\boldsymbol{Q},\boldsymbol{R}$ 分别为对角矩阵，$\boldsymbol{Q}\geqslant 0,\boldsymbol{R}>0$，而

$$G(\boldsymbol{x},\boldsymbol{u},t)=g(\boldsymbol{x},\boldsymbol{u},t)-\frac{1}{2}\|\boldsymbol{x}\|_{\boldsymbol{Q}}^2-\frac{1}{2}\|\boldsymbol{u}\|_{\boldsymbol{R}}^2$$

经过这样的形式变换后可以看出，如果对于 $D(\boldsymbol{x},\boldsymbol{u},t)$ 和 $G(\boldsymbol{x},\boldsymbol{u},t)$ 能做出某种预估，则上述优化问题就是具有二次型性能的无关联的线性系统的优化问题，求其解就要方便得多。为此，有必要引进附加的预估 $\boldsymbol{x}=\boldsymbol{x}^*$ 和 $\boldsymbol{u}=\boldsymbol{u}^*$ 作为约束，来固定 $D(\boldsymbol{x},\boldsymbol{u},t)$ 和 $G(\boldsymbol{x},\boldsymbol{u},t)$。而协调的任务则是改善这些预估值，使之最终与实际解出的 $\boldsymbol{x},\boldsymbol{u}$ 一致。由于在非线性系统中，关联的复杂性主要表现在非线性上，所以预估是把系统中最复杂的部分相对固定，从而使求解问题简化。

为了加快收敛性，有时也可在目标函数中附加惩罚项 $\frac{1}{2}\|\boldsymbol{u}-\boldsymbol{u}^*\|_{\boldsymbol{S}}^2$（$\boldsymbol{S}$ 是与 $\boldsymbol{Q}$、$\boldsymbol{R}$ 同类的矩阵），则目标函数成为

$$\min J'=\int_0^T\left[\frac{1}{2}\|\boldsymbol{x}\|_{\boldsymbol{Q}}^2+\frac{1}{2}\|\boldsymbol{u}\|_{\boldsymbol{R}}^2+G(\boldsymbol{x}^*,\boldsymbol{u}^*,t)+\frac{1}{2}\|\boldsymbol{u}-\boldsymbol{u}^*\|_{\boldsymbol{S}}^2\right]\mathrm{d}t$$

约束条件为

$$\dot{\boldsymbol{x}}=\boldsymbol{A}\boldsymbol{x}+\boldsymbol{B}\boldsymbol{u}+D(\boldsymbol{x}^*,\boldsymbol{u}^*,t)$$

$$\boldsymbol{x}^*=\boldsymbol{x}$$

$$\boldsymbol{u}^*=\boldsymbol{u}$$

当 $\boldsymbol{x}=\boldsymbol{x}^*,\boldsymbol{u}=\boldsymbol{u}^*$ 条件满足时，$\boldsymbol{J}'=\boldsymbol{J}$，修改后的性能指标与原性能指标相等。

为了求解这一优化问题，首先写出系统的 Hamilton 函数

$$\begin{aligned}H=&\frac{1}{2}\|\boldsymbol{x}\|_{\boldsymbol{Q}}^2+\frac{1}{2}\|\boldsymbol{u}\|_{\boldsymbol{R}}^2+G(\boldsymbol{x}^*,\boldsymbol{u}^*,t)+\frac{1}{2}\|\boldsymbol{u}-\boldsymbol{u}^*\|_{\boldsymbol{S}}^2\\&+\boldsymbol{\lambda}^{\mathrm{T}}[\boldsymbol{A}\boldsymbol{x}+\boldsymbol{B}\boldsymbol{u}+D(\boldsymbol{x}^*,\boldsymbol{u}^*,t)]+\boldsymbol{\beta}^{\mathrm{T}}(\boldsymbol{x}-\boldsymbol{x}^*)+\boldsymbol{\gamma}^{\mathrm{T}}(\boldsymbol{u}-\boldsymbol{u}^*)\end{aligned}$$

式中，$\boldsymbol{\lambda}$ 为伴随向量；$\boldsymbol{\beta}$、$\boldsymbol{\gamma}$ 为拉格朗日乘子。由极值必要条件可以导出

$$\frac{\partial H}{\partial \boldsymbol{\lambda}}=\dot{\boldsymbol{x}}\,,\quad \dot{\boldsymbol{x}}=\boldsymbol{Ax}+\boldsymbol{Bu}+D(\boldsymbol{x}^*,\boldsymbol{u}^*,t)\,,\quad \boldsymbol{x}(0)=\boldsymbol{x}_0 \tag{3.22}$$

$$\frac{\partial H}{\partial \boldsymbol{x}}=-\dot{\boldsymbol{\lambda}}\,,\quad \dot{\boldsymbol{\lambda}}=-\boldsymbol{Q}x-\boldsymbol{A}^{\mathrm{T}}\boldsymbol{\lambda}-\boldsymbol{\beta}\,,\quad \boldsymbol{\lambda}(T)=\boldsymbol{0} \tag{3.23}$$

$$\frac{\partial H}{\partial \boldsymbol{u}}=\boldsymbol{0}\,,\quad \boldsymbol{u}=-\boldsymbol{R}^{*-1}(\boldsymbol{B}^{\mathrm{T}}\boldsymbol{\lambda}+\boldsymbol{\gamma}-\boldsymbol{Su}^*) \tag{3.24}$$

式中，$\boldsymbol{R}^*=\boldsymbol{R}+\boldsymbol{S}$。

$$\frac{\partial H}{\partial \boldsymbol{\beta}}=\boldsymbol{0}\,,\quad \boldsymbol{x}^*=\boldsymbol{x} \tag{3.25}$$

$$\frac{\partial H}{\partial \boldsymbol{\gamma}}=\boldsymbol{0}\,,\quad \boldsymbol{u}^*=\boldsymbol{u} \tag{3.26}$$

$$\frac{\partial H}{\partial \boldsymbol{x}^*}=\boldsymbol{0}\,,\quad \boldsymbol{\beta}=\frac{\partial G(\boldsymbol{x}^*,\boldsymbol{u}^*,t)}{\partial \boldsymbol{x}^*}+\frac{\partial D(\boldsymbol{x}^*,\boldsymbol{u}^*,t)}{\partial \boldsymbol{x}^*}\boldsymbol{\lambda} \tag{3.27}$$

$$\frac{\partial H}{\partial \boldsymbol{u}^*}=\boldsymbol{0}\,,\quad \boldsymbol{\gamma}=\frac{\partial G(\boldsymbol{x}^*,\boldsymbol{u}^*,t)}{\partial \boldsymbol{u}^*}+\frac{\partial D(\boldsymbol{x}^*,\boldsymbol{u}^*,t)}{\partial \boldsymbol{u}^*}\boldsymbol{\lambda}-\boldsymbol{S}(\boldsymbol{u}-\boldsymbol{u}^*) \tag{3.28}$$

把式（3.24）代入式（3.22）可得

$$\dot{\boldsymbol{x}}=\boldsymbol{Ax}-\boldsymbol{BR}^{*-1}(\boldsymbol{B}^{\mathrm{T}}\boldsymbol{\lambda}+\boldsymbol{\gamma}-\boldsymbol{Su}^*)+D(\boldsymbol{x}^*,\boldsymbol{u}^*,t)\,,\quad \boldsymbol{x}(0)=\boldsymbol{x}_0 \tag{3.29}$$

为了简化运算，减少变量之间的关联，还可预估在两点边值问题式（3.23）和式（3.29）中出现的 $\boldsymbol{\beta}$ 和 $\boldsymbol{\gamma}$。这样可得到如下的两级递阶算法。

第一级：给定了预估的 $\boldsymbol{x}^*,\boldsymbol{u}^*,\boldsymbol{\beta},\boldsymbol{\gamma}$，求解两点边值问题式（3.23）和式（3.29）。由此可以算得 $\boldsymbol{x},\boldsymbol{\lambda},\boldsymbol{u}$。

第二级：根据式（3.25）～式（3.28）修改 $\boldsymbol{x}^*,\boldsymbol{u}^*,\boldsymbol{\beta},\boldsymbol{\gamma}$ 的预估轨线。协调结束的标志是预估值趋于恒定，即

$$\int_0^T\left\|\boldsymbol{e}^{l+1}-\boldsymbol{e}^l\right\|\mathrm{d}t<\varepsilon$$

式中，l 为迭代次数，$\boldsymbol{e}=[\boldsymbol{x}^{*\mathrm{T}}\ \boldsymbol{u}^{*\mathrm{T}}\ \boldsymbol{\beta}^{\mathrm{T}}\ \boldsymbol{\gamma}^{\mathrm{T}}]^{\mathrm{T}}$。

3.2.2 混沌控制

本节考虑既要把混沌系统稳定在平衡点上或周期轨道上，同时又要使消耗的能量最小的混沌系统的控制问题，性能指标采用状态与控制的二次泛函形式。其基本思想是，把混沌非线性系统分解为线性部分与非线性部分两项之和，上级对非线性部分进行预估；下级用极小值原理求解一个非典型二次最优控制问题，并把解返回上级，上级根据下级获得的解对非线性部分重新预估，这样通过上、下

两级间不断的信息交换，最终得到混沌系统的最优控制律。本节证明算法的收敛性和闭环系统的稳定性，仿真结果表明该方法的有效性。

1. 问题描述

考虑下述n维受控非线性混沌系统

$$\dot{\boldsymbol{x}}(t)=f(\boldsymbol{x})+\boldsymbol{B}\boldsymbol{u}(t) \tag{3.30}$$

式中，$f(\boldsymbol{x})$为非线性光滑向量函数，不妨设$f(\boldsymbol{0})=\boldsymbol{0}$；$\boldsymbol{x}$是$n$维状态向量；$\boldsymbol{B}$为$n\times m$已知矩阵；$\boldsymbol{u}(t)\in\mathbf{R}^m$为控制向量。

为使混沌系统稳定，同时兼顾能量较小，本节采用如下的二次性能指标：

$$J=\frac{1}{2}\int_0^{\infty}\left(\boldsymbol{x}^{\mathrm{T}}\boldsymbol{Q}\boldsymbol{x}+\boldsymbol{u}^{\mathrm{T}}\boldsymbol{R}\boldsymbol{u}\right)\mathrm{d}t \tag{3.31}$$

式中，$\boldsymbol{Q}\in\mathbf{R}^{n\times n},\boldsymbol{R}\in\mathbf{R}^{m\times m}$是正定对称矩阵。

本节要解决的控制问题是：寻找控制律$\boldsymbol{u}(t)$，使受控混沌系统式（3.30）稳定且在$t>0$时间内，由式（3.31）二次性能指标J达到最小。

2. 二级算法

将函数$f(\boldsymbol{x})$分解为线性部分与非线性部分和的形式：

$$f(\boldsymbol{x})=\boldsymbol{A}\boldsymbol{x}(t)+d(\boldsymbol{x}(t))$$

式中，$\boldsymbol{A}\boldsymbol{x}(t)$为系统分解后的线性部分，$\boldsymbol{A}=\dfrac{\partial f}{\partial \boldsymbol{x}}(\boldsymbol{0})$为$n$阶常数矩阵；$d(\boldsymbol{x}(t))$为系统分解后的非线性部分，$d(\boldsymbol{x}(t))=f(\boldsymbol{x})-\boldsymbol{A}\boldsymbol{x}(t)$。这时问题变为

$$\begin{cases}\min\limits_{\boldsymbol{u}(t)} & J\\ \text{s.t.} & \dot{\boldsymbol{x}}=\boldsymbol{A}\boldsymbol{x}(t)+\boldsymbol{B}\boldsymbol{u}(t)+d(\boldsymbol{x}(t))\end{cases} \tag{3.32}$$

当对式（3.32）中$d(\boldsymbol{x}(t))$中的$\boldsymbol{x}(t)$进行预估，即给定$d(\boldsymbol{x}(t))$中$\boldsymbol{x}(t)$的值时，由式（3.32）确定的优化问题变为带已知项的非典型二次线性最优控制问题。基于此认识，本节采用如下二级算法进行求解。

下级：对于上级给定$d(\boldsymbol{x}(t))$中的$\boldsymbol{x}(t)$的值，求解问题

$$\begin{cases}\min\limits_{\boldsymbol{u}_k(t)} & J\\ \text{s.t.} & \dot{\boldsymbol{x}}_k(t)=\boldsymbol{A}\boldsymbol{x}_k(t)+\boldsymbol{B}\boldsymbol{u}_k(t)+d(\boldsymbol{x}_{k-1}(t))\end{cases} \tag{3.33}$$

式中，$J=\dfrac{1}{2}\int_0^{\infty}[\boldsymbol{x}_k^{\mathrm{T}}(t)\boldsymbol{Q}\boldsymbol{x}(t)+\boldsymbol{u}_k^{\mathrm{T}}(t)\boldsymbol{R}\boldsymbol{u}_k(t)]\mathrm{d}t$；$k$为迭代次数。

设 Hamilton 函数为

$$H_k=\frac{1}{2}(\boldsymbol{x}_k^{\mathrm{T}}(t)\boldsymbol{Q}\boldsymbol{x}(t)+\boldsymbol{u}_k^{\mathrm{T}}(t)\boldsymbol{R}\boldsymbol{u}_k(t))+\boldsymbol{\lambda}_k^{\mathrm{T}}(t)(\boldsymbol{A}\boldsymbol{x}_k(t)+\boldsymbol{B}\boldsymbol{u}_k(t)+d(\boldsymbol{x}_{k-1}(t)))$$

由最优性条件

$$\frac{\partial H_k}{\partial \boldsymbol{u}}=R\boldsymbol{u}_k(t)+\boldsymbol{B}^{\mathrm{T}}\boldsymbol{\lambda}_k(t)=\boldsymbol{0}$$

得到

$$\boldsymbol{u}_k(t)=-\boldsymbol{R}^{-1}\boldsymbol{B}^{\mathrm{T}}\boldsymbol{\lambda}_k(t) \tag{3.34}$$

正则方程为

$$\dot{\boldsymbol{\lambda}}_k(t)=-\frac{\partial H_k}{\partial \boldsymbol{x}_k}=-\boldsymbol{Q}\boldsymbol{x}_k(t)-\boldsymbol{A}^{\mathrm{T}}\boldsymbol{\lambda}_k(t) \tag{3.35}$$

$$\dot{\boldsymbol{x}}_k(t)=\boldsymbol{A}\boldsymbol{x}_k(t)-\boldsymbol{B}\boldsymbol{R}^{-1}\boldsymbol{B}^{\mathrm{T}}\boldsymbol{\lambda}_k(t)+d(\boldsymbol{x}_{k-1}(t)) \tag{3.36}$$

边界条件 $\boldsymbol{\lambda}(\infty)=\boldsymbol{0},\boldsymbol{x}_k(0)=\boldsymbol{x}_0$。

为了寻求含有补偿的状态反馈的闭环控制，令

$$\boldsymbol{\lambda}_k(t)=\boldsymbol{P}\boldsymbol{x}_k(t)+\boldsymbol{g}_k(t) \tag{3.37}$$

式中，$\boldsymbol{P}$ 是待求的常数矩阵；$\boldsymbol{g}_k(t)$ 是待求的可微向量函数。

对式（3.37）两边求导，并结合式（3.36）得

$$\dot{\boldsymbol{\lambda}}(t)=\boldsymbol{P}\boldsymbol{A}\boldsymbol{x}_k(t)-\boldsymbol{P}\boldsymbol{B}\boldsymbol{R}^{-1}\boldsymbol{B}^{\mathrm{T}}\boldsymbol{P}\boldsymbol{x}(t)-\boldsymbol{P}\boldsymbol{B}\boldsymbol{R}^{-1}\boldsymbol{B}^{\mathrm{T}}\boldsymbol{g}_k(t)+\boldsymbol{P}d(\boldsymbol{x}_{k-1}(t))+\dot{\boldsymbol{g}}_k(t) \tag{3.38}$$

比较式（3.35）和式（3.38）得关于 $\boldsymbol{P}$ 的 Riccati 方程

$$\boldsymbol{P}\boldsymbol{A}+\boldsymbol{A}^{\mathrm{T}}\boldsymbol{P}-\boldsymbol{P}\boldsymbol{B}\boldsymbol{R}^{-1}\boldsymbol{B}^{\mathrm{T}}\boldsymbol{P}+\boldsymbol{Q}=\boldsymbol{0} \tag{3.39}$$

和关于 $\boldsymbol{g}_k(t)$ 的微分方程

$$\begin{cases}\dot{\boldsymbol{g}}_k(t)+(\boldsymbol{A}^{\mathrm{T}}-\boldsymbol{P}\boldsymbol{B}\boldsymbol{R}^{-1}\boldsymbol{B}^{\mathrm{T}})\boldsymbol{g}_k(t)+\boldsymbol{P}d(\boldsymbol{x}_{k-1}(t))=\boldsymbol{0}\\ \boldsymbol{g}(\infty)=\boldsymbol{0}\end{cases} \tag{3.40}$$

由式（3.39）可求得正定矩阵 $\boldsymbol{P}$，由式（3.40）可求得 $\boldsymbol{g}_k(t)$，代入式（3.38）得 $\boldsymbol{\lambda}_k(t)$，从而可得到最优控制律为

$$\begin{aligned}\boldsymbol{u}_k(t)&=-\boldsymbol{R}^{-1}\boldsymbol{B}^{\mathrm{T}}\boldsymbol{\lambda}_k(t)\\&=-\boldsymbol{R}^{-1}\boldsymbol{B}^{\mathrm{T}}\boldsymbol{P}\boldsymbol{x}_k(t)-\boldsymbol{R}^{-1}\boldsymbol{B}^{\mathrm{T}}\boldsymbol{g}_k(t)\end{aligned}$$

注意： 在目标函数为二次型且系统为线性的情况下，控制是状态的完全反馈，而对于混沌系统，分解为非线性的部分通过预估变为已知，原问题的约束就变成了带有已知项的线性方程，因此在其解中便多了修正项 $-\boldsymbol{R}^{-1}\boldsymbol{B}^{\mathrm{T}}\boldsymbol{g}_k(t)$。

将上述最优控制律记为 $\boldsymbol{u}_k^*(t)$，它表示第 k 次迭代得到的控制律。用该控制律对系统式（3.33）进行控制，相应的状态记为 $\boldsymbol{x}_k^*(t)$。

上级：对 $d(\boldsymbol{x}(t))$ 中的 $\boldsymbol{x}(t)$ 按如下公式重新预估：

$$\boldsymbol{x}_{k+1}(t)=\boldsymbol{x}_k^*(t)$$

定义预估误差为

$$e=\frac{1}{2}\int_0^{\infty}[\boldsymbol{x}_{k+1}(t)-\boldsymbol{x}_k(t)]^{\mathrm{T}}[\boldsymbol{x}_{k+1}(t)-\boldsymbol{x}_k(t)]\mathrm{d}t$$

迭代结束的标志是预估误差趋于恒定，即 $e\leqslant\varepsilon$，其中 ε 为控制允许误差。此时得到的控制序列即为问题的最优控制序列；否则，返回到上级，计算 $\boldsymbol{x}_{k+1}(t)$。这样通过上、下两级间不断的信息交换，最终得到混沌系统的最优控制律。

3. 算法收敛性分析

考虑非线性系统

$$\begin{cases}\dot{\boldsymbol{x}}(t)=\bar{\boldsymbol{A}}\boldsymbol{x}(t)+\bar{\boldsymbol{d}}(t),t\in[0,\infty)\\ \boldsymbol{x}(0)=\boldsymbol{x}_0\end{cases}\tag{3.41}$$

式中，$\boldsymbol{x}\in\mathbf{R}^n$ 是系统的状态向量；$\bar{\boldsymbol{A}}\in\mathbf{R}^{n\times n}$ 为一个常数矩阵；$\bar{\boldsymbol{d}}(t)$ 为非线性光滑向量函数且满足条件

$$\begin{cases}\left\|\bar{\boldsymbol{d}}(t)\right\|\leqslant M,\forall\boldsymbol{x}\in\boldsymbol{U}\subset\mathbf{R}^n\\ \left\|\bar{\boldsymbol{d}}(\boldsymbol{x})-\bar{\boldsymbol{d}}(\boldsymbol{y})\right\|\leqslant L\left\|\boldsymbol{x}-\boldsymbol{y}\right\|,\forall\boldsymbol{x},\boldsymbol{y}\in\boldsymbol{U}\subset\mathbf{R}^n\end{cases}\tag{3.42}$$

式中，M 和 L 是正常数；$\|\cdot\|$ 是欧氏范数。

定义向量函数序列 $\boldsymbol{x}_k(t)$ 为

$$\dot{\boldsymbol{x}}_0(t)=\bar{\boldsymbol{A}}\boldsymbol{x}_0(t),\boldsymbol{x}_0(0)=x(0)$$
$$\dot{\boldsymbol{x}}_k(t)=\bar{\boldsymbol{A}}\boldsymbol{x}_k(t)+\bar{\boldsymbol{d}}(\boldsymbol{x}_{k-1}(t)),\boldsymbol{x}_k(0)=\boldsymbol{x}(0)$$

或

$$\begin{cases}\boldsymbol{x}_0(t)=\boldsymbol{\phi}(t)\boldsymbol{x}(0)\\ \boldsymbol{x}_k(t)=\boldsymbol{\phi}(t)\boldsymbol{x}(0)+\int_0^t\boldsymbol{\phi}(t-\tau)\bar{\boldsymbol{d}}(\boldsymbol{x}_{k-1}(\tau))\mathrm{d}\tau\end{cases}\tag{3.43}$$

式中，$\boldsymbol{\phi}(t)$ 为对应 $\bar{\boldsymbol{A}}$ 的状态转移矩阵；$k=1,2,\cdots$

定理 3.6　由式（3.43）描述的向量函数序列 $\boldsymbol{x}_k(t)$ 一致收敛于非线性系统式（3.41）的解。

证明 将 $\boldsymbol{x}_k(t)$ 作为 $C^N[0,\infty)$ 的一个序列，由式（3.43）得

$$\boldsymbol{x}_1(t)-\boldsymbol{x}_0(t)=\int_0^t \boldsymbol{\phi}(t-\tau)\bar{\boldsymbol{d}}(\boldsymbol{x}_0(\tau))\mathrm{d}\tau,\ \ t>0$$

令 $S=\sup\limits_{t,\tau\in[0,\infty)}\|\boldsymbol{\phi}(t-\tau)\|$，注意到 $\|\boldsymbol{\phi}(0)\|=1$，所以 $S\geqslant 1$。由式（3.42）得

$$\|\boldsymbol{x}_1(t)-\boldsymbol{x}_0(t)\|\leqslant S\int_0^t \bar{\boldsymbol{d}}(\boldsymbol{x}_0(\tau))\mathrm{d}\tau\leqslant MSt$$

又由式（3.42）得

$$\begin{aligned}\|\boldsymbol{x}_2(t)-\boldsymbol{x}_1(t)\|&=\left\|\int_0^t \boldsymbol{\phi}(t-\tau)[\bar{\boldsymbol{d}}(\boldsymbol{x}_1(\tau))-\bar{\boldsymbol{d}}(\boldsymbol{x}_0(\tau))]\mathrm{d}\tau\right\|\\&\leqslant SL\int_0^t\|\boldsymbol{x}_1(\tau)-\boldsymbol{x}_0(\tau)\|\mathrm{d}\tau\\&\leqslant LMS^2\frac{t^2}{2!},\ \ t>0\end{aligned}$$

同理，可得

$$\|\boldsymbol{x}_k(t)-\boldsymbol{x}_{k-1}(t)\|\leqslant ML^{k-1}S^k\frac{t^k}{k!},\ \ t>0,\ \ k=1,2,\cdots$$

由三角不等式知，对任意的 j，有

$$\|\boldsymbol{x}_{k+j}(t)-\boldsymbol{x}_k(t)\|\leqslant\sum_{i=k+1}^{k+j}ML^{i-1}S^i\frac{t^i}{i!}\leqslant\frac{ML^{k-1}S^kt^k}{(k+1)!}\exp(LSt),\ \ t>0,\ \ k=1,2,\cdots$$

所以 $\boldsymbol{x}_k(t)$ 是 $C^N[0,\infty)$ 中的柯西（Cauchy）序列，即该序列是一致收敛的。因为 j 是任意的，所以这个序列的极限为非线性系统式（3.41）的解。证毕。

由定理 3.6 可知，式（3.36）和式（3.40）的解序列 $\boldsymbol{x}_k(t)$ 和 $\boldsymbol{g}_k(t)$ 是一致收敛的，而式（3.33）是与 $\boldsymbol{x}_k(t)$ 和 $\boldsymbol{g}_k(t)$ 相关的，所以 $\boldsymbol{u}_k(t)$ 也是一致收敛的。记 $g(t)$ 和 $\boldsymbol{u}^*(t)$ 分别是序列 $\boldsymbol{g}_k(t)$ 和 $\boldsymbol{u}_k(t)$ 的极限，所以序列 $\boldsymbol{x}_k(t)$ 的极限 $\boldsymbol{x}(t)$ 是最优控制问题式（3.32）的最优状态轨线，由此得到式（3.32）最优控制律为

$$\boldsymbol{u}^*(t)=-\boldsymbol{R}^{-1}\boldsymbol{B}^{\mathrm{T}}\boldsymbol{P}\boldsymbol{x}(t)-\boldsymbol{R}^{-1}\boldsymbol{B}^{\mathrm{T}}\boldsymbol{g}(t)$$

4. 系统稳定性分析

根据非线性系统稳定性理论，要证明系统是稳定的，只要证明其线性化系统是稳定的即可。因此考虑下面的线性系统：

$$\dot{\boldsymbol{x}}(t)=(\boldsymbol{A}-\boldsymbol{B}\boldsymbol{R}^{-1}\boldsymbol{B}^{\mathrm{T}}\boldsymbol{P})\boldsymbol{x}(t)\tag{3.44}$$

由矩阵 Riccati 方程式（3.39）的解阵 $\boldsymbol{P}$ 为正定矩阵，取候选 Lyapunov 函数 $V=\boldsymbol{x}^{\mathrm{T}}\boldsymbol{P}\boldsymbol{x}$，且知 $V>0$。基于此，并利用 Riccati 方程式（3.39），可以导出 V 沿系统轨线对 t 的导数为

$$\begin{aligned}\dot{V} &= \dot{\boldsymbol{x}}^{\mathrm{T}}\boldsymbol{P}\boldsymbol{x}+\boldsymbol{x}^{\mathrm{T}}\boldsymbol{P}\dot{\boldsymbol{x}} \\ &= -\boldsymbol{x}^{\mathrm{T}}(\boldsymbol{Q}+\boldsymbol{P}\boldsymbol{B}\boldsymbol{R}^{-1}\boldsymbol{B}^{\mathrm{T}}\boldsymbol{P})\boldsymbol{x}\end{aligned}$$

且由 $\boldsymbol{Q}$ 和 $\boldsymbol{R}$ 均为正定对称矩阵可知 $\dot{V}\leqslant 0$。根据 Lyapunov 稳定性定理可知，线性系统式（3.44）渐近稳定，所以由式（3.30）表示的受控混沌系统是渐近稳定的。

3.2.3 数值仿真

与 3.1 节相同，仍以 2002 年 Lü 等[83]提出的一类混沌系统为例做仿真。

设混沌系统

$$\begin{cases}\dot{x}_1=(25\alpha+10)(x_2-x_1)\\ \dot{x}_2=(28-35\alpha)x_1-x_1x_3+(29\alpha-1)x_2\\ \dot{x}_3=x_1x_2-\left(\dfrac{\alpha+8}{3}\right)x_3\end{cases} \tag{3.45}$$

式中，x_1,x_2,x_3 是系统状态变量；$\alpha\in[0,1]$ 是系统参数。对任意 $\alpha\in[0,1]$，混沌系统式（3.45）都是混沌的，且当 $0\leqslant\alpha<0.8$ 时，混沌系统式（3.45）是广义的 Lorenz 混沌系统；当 $\alpha=0.8$ 时，混沌系统式（3.45）是 Lü 混沌系统；当 $0.8<\alpha\leqslant 1$ 时，混沌系统式（3.45）是广义 Chen 混沌系统。

采用本节获得的控制律进行控制，为了比较，在 t=50s 时施加控制，由仿真结果看到，在未加控制前系统是混沌的，然而在施加控制后混沌系统很快走向平衡点。

仿真Ⅰ：取 $\alpha=0$，混沌系统式（3.45）是 Lorenz 混沌系统，其状态变量随时间 t 的变化如图 3.10～图 3.12 所示。

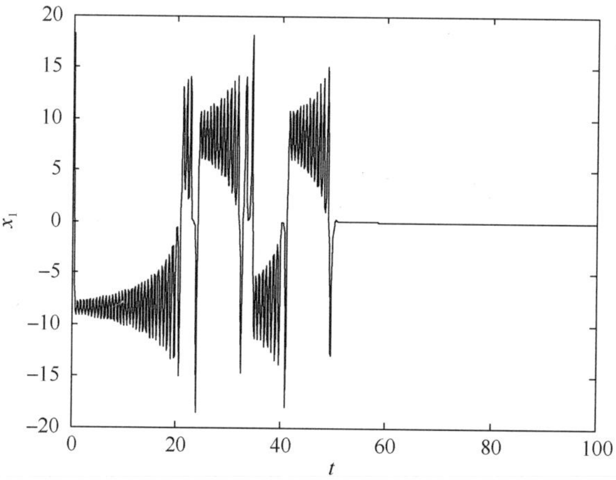

图 3.10　Lorenz 混沌系统状态变量 x_1 随时间 t 的变化

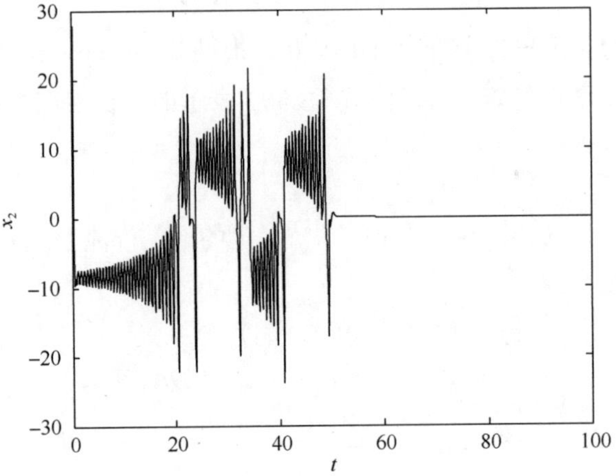

图 3.11　Lorenz 混沌系统状态变量 x_2 随时间 t 的变化

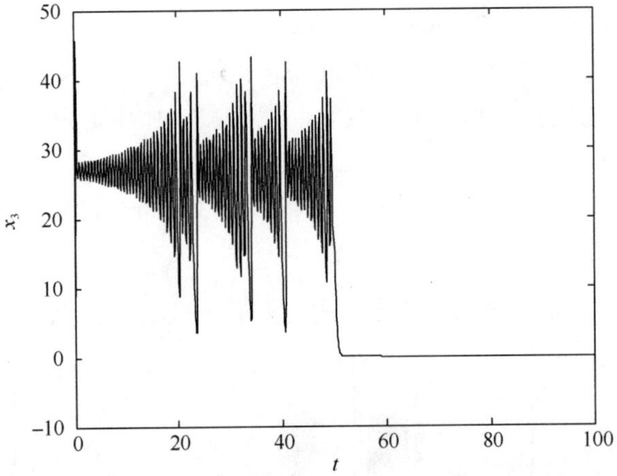

图 3.12　Lorenz 混沌系统状态变量 x_3 随时间 t 的变化

仿真Ⅱ：取 $\alpha = 0.8$，混沌系统式（3.45）是 Lü 混沌系统，其状态变量随时间 t 的变化如图 3.13～图 3.15 所示。

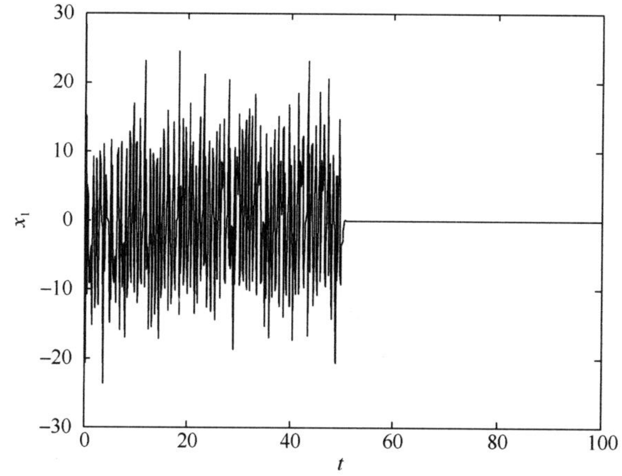

图 3.13　Lü 混沌系统状态变量 x_1 随时间 t 的变化

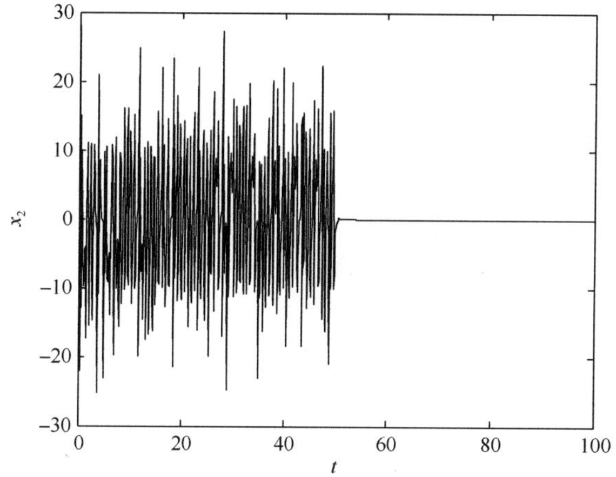

图 3.14　Lü 混沌系统状态变量 x_2 随时间 t 的变化

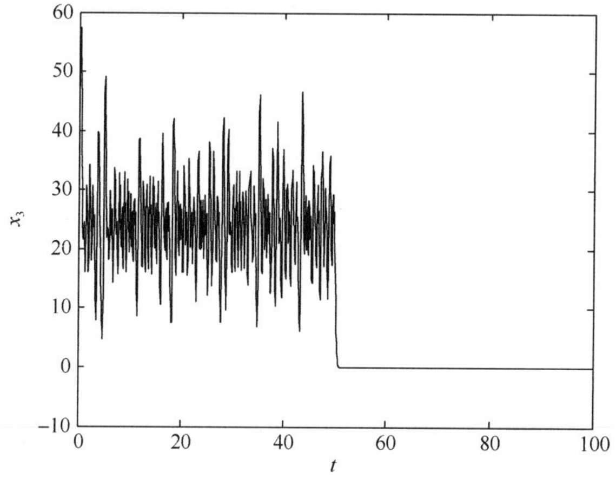

图 3.15　Lü 混沌系统状态变量 x_3 随时间 t 的变化

仿真III：取 $\alpha=1$，混沌系统式（3.45）是 Chen 混沌系统，其状态变量随时间 t 的变化如图 3.16～图 3.18 所示。

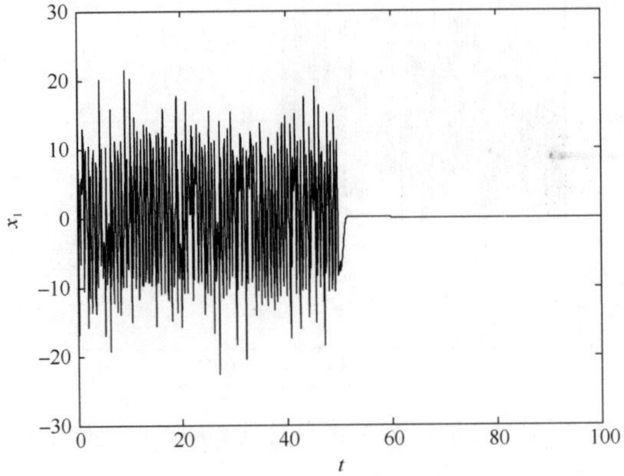

图 3.16　Chen 混沌系统状态变量 x_1 随时间 t 的变化

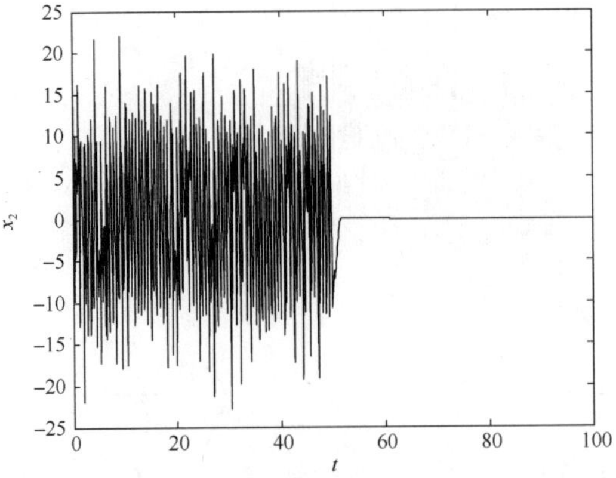

图 3.17　Chen 混沌系统状态变量 x_2 随时间 t 的变化

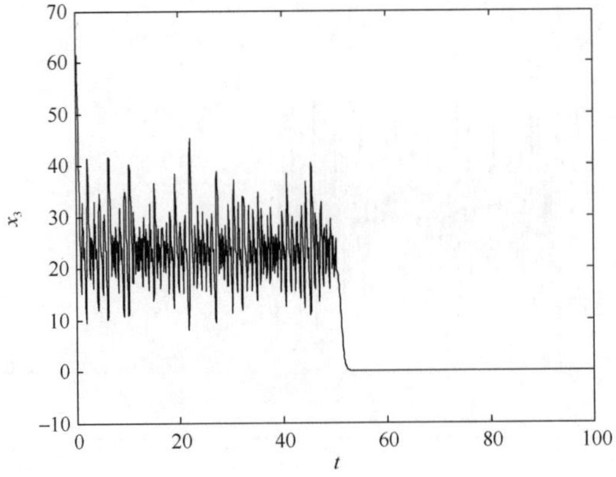

图 3.18　Chen 混沌系统状态变量 x_3 随时间 t 的变化

第4章 分形的控制

在自然界中存在着大量的复杂事物，如回转曲折的海岸线、变幻莫测的云彩、动物的神经网络、不断分叉的树枝等，它们所描述的几何对象是不规则和不光滑的，欧几里得几何、三角学、微积分学等无法描绘这些现象和事物，传统科学显得束手无策。将不规则和不光滑的几何对象作为研究对象的学科称为分形几何学。这种几何学把自然形态看作具有无限嵌套层次的逻辑结构，并且在不同尺度下保持某种相似的属性。

分形（fractal）这个名词是 Mandelbrot 在 20 世纪 70 年代首先提出的，用于表征复杂图形与复杂过程，它的原意是不规则的、支离破碎的物体。分形理论是非线性科学的一个重要分支，主要研究自然界和非线性系统中出现的不光滑和不规则的、具有自相似性且没有特征长度的形状和现象。

混沌系统的奇怪吸引子具有自相似性结构。简单地说，这种具有自相似性的结构就称为分形[122]。Julia 集由一个复函数的迭代生成，一般来讲，Julia 集是动力系统中的斥子。

在实际问题中，需要制约非线性吸引域的区域大小以满足技术问题的要求，或需要系统表现不同的行为和性能，这就要求我们对 Julia 集加以控制[123]。本章介绍分形几何的一些基本概念，讨论分形集——Julia 集的基本性质。在此基础上，利用反馈控制方法，对二次函数的 Julia 集进行有效控制，从而使得非线性系统的 Julia 集满足客观问题的实际需要。

4.1 分形理论的起源与发展

1967 年数学家 Mandelbrot 在顶级期刊 *Science* 杂志上发表了题为《英国的海岸线有多长?》的著名论文[124]。海岸线作为曲线，其特征是极不规则、极不光滑，呈现极其蜿蜒复杂的变化。人们不能说出这部分海岸与那部分海岸在形状和结构上有什么本质的不同，这种几乎同样程度的不规则性和复杂性，说明海岸线在形貌上是自相似的，也就是局部形态和整体态的相似。

事实上，具有自相似性的现象广泛存在于自然界中，这些现象包括连绵起伏的山川、自由飘浮的云彩、江河入海形成的三角洲及花菜、树冠、大脑皮层等。Mandelbrot 将具有自相似性的现象抽象为分形，从而建立了有关斑痕、麻点、破碎、缠绕、扭曲的几何学。

分形几何学的核心思想是物体形状整体和局部的自相似性。自相似性这个概念与自然界中大量不规则事物的形状特征相吻合，因此分形学适合于描述自然界中的不规则物体。分形理论和技术提出后，在社会上引起了广泛重视，在数学、物理、化学、计算机科学、生物、经济学、艺术等领域广泛地展开了对它及其应用的研究，逐渐发展和完善成为一个理论体系。借助于分形算法，通过计算机可用少量的数据生成复杂的自然景物图形，分形算法将景物仿真模拟方面的研究向前推进了一大步。植物形态作为自然界中较常见的景观之一，其复杂性也适合用分形理论进行模拟。

关于分形理论的发展，可分为以下四个阶段。

第一阶段：对几类分形集的认识。

1875～1925 年，在此阶段人们已认识到几类典型的分形集，并且力图对这类集合与经典几何的差别进行描述、分类和刻画。1872 年德国数学家 Weieratrass 构造出函数 $f(x)=\sum_{n=0}^{\infty}a^n\cos b^n nx$，其中 $0<a<1$，b 是奇整数，$ab>1+\frac{3}{2}\pi$[125]。该函数处处连续，但处处不可微。1883 年 Cantor 引入了一类全不连通的紧集，被称为 Cantor 三分集[126]。1890 年 Peano 构造出填充平面的曲线[126]。1904 年 Koch 通过初等方法构造了处处不可微的连续曲线——科赫曲线，并且讨论了该曲线的性质[126]。1915 年 Sierpinski 提出了 Sierpinski 垫片、Sierpinski 毯片及 Sierpinski 海绵[126]。这些都是规则的分形图形，它们是数学家按照一定的规则构造出来的、具有严格的自相似性的分形图形，都属于自相似分形集。

1913 年 Perrin 对布朗运动的轨迹图进行了深入的研究，明确指出布朗运动作为运动曲线不具有导数[126]。

为了测量这些不同于几何学中的图形，1901 年 Minkowski 引入了 Minkowski 容度[126]。1919 年 Hausdorff 引入了 Hausdorff 测度和 Hausdorff 维数[127]。他们指出，这些方法对不同于几何学中的图形进行测量时，被测值（如长度、面积、体积等）的大小一般随测量尺寸的变化而发生着变化。

总之，在分形理论发展的第一阶段，人们已经提出了典型的分形对象及其相关问题，并为讨论这些问题做了最基本的工作。

第二阶段：对长度、面积等度量单位概念的重新探索。

1926～1975 年，人们对分形集的性质研究和维数理论的研究都取得了丰富的成果。Besicovitch 及其他学者的研究工作贯穿于第二阶段[126]。他们研究曲线的维数、分形集的局部性质、分形集的结构、S-集的分析与几何性质，以及其在数论、调和分析、几何测度论中的应用。1928 年 Bouligand 引入了 Bouligand 维数[126]，1932 年 Pontrjagin 与 Schnirelman 引入了覆盖维数[126]，1959 年 Kolmogorov 与 Tikhomirov 引入了体维数[128]。维数在从不同角度刻画集合的复杂性方面起到了重要作用。法国数学家 Salem 与 Kahane 等从稀薄集的研究出发，系统地对各种类型的 Cantor 集及稀薄集做了研究，其相应的理论方法和技巧在调和分析理论中得到了重要的应用[128]。

从纯数学理论的研究来看，一方面，此阶段分形研究的成果颇丰，但与其他学科发生的联系不多；另一方面，物理、天文学、地质和工程学等学科已产生了大量与分形几何有关的问题，迫切需要新的思想和有利的工具来处理。正是在这种形势下，Mandelbrot 以其独特的思想，自 20 世纪 60 年代以来，开创性地研究了海岸线的结构、地貌生成的几何性质等典型的自然界的分形现象，以及对棉花价格的分析，并取得了一系列令人瞩目的成就。

第三阶段：分形几何学的创立。

1975～1982 年，是分形几何在各个领域的应用取得全面发展，并形成独立学科的阶段。Mandelbrot 的专著《分形：形状、机遇和维数》《自然界的分形几何》第一次系统地阐述了分形几何的思想、内容、意义和方法，从而把分形理论推进到一个更为迅猛发展的新阶段，至此分形理论初步形成。

第四阶段：分形得到广泛应用，理论不断完善、成熟。

从 1982 年至今，大批的物理、生物、化学、数学、地质、材料科学和社会科学等学科的学者们都进入了分形的研究领域，他们在其自身的领域内努力耕耘，用分形来描述自然界与社会学科中许多不规则物体的自相似性，定义出其“分形维数”，寻找各种参量之间的标度关系等，从而使分形在不同的领域内得到了广泛的应用。与此同时，他们在若干复杂问题中找到了某些规律性，分形理论从此得到了完善，并不断地成熟发展。

现在分形的研究已经进入了一个深入攻坚与广泛应用的阶段。但是分形理论的研究却存在很大的缺陷。例如，分形严格的数学定义是什么？应该如何对分形进行简单的计算？由于非线性数学工具的匮乏，很多问题都无法人工作出定量的刻画，目前大量的工作还是以计算机模拟为主。

4.2 分形与分维

4.2.1 分形的定义

迄今为止，分形还没有一个严格的定义。1986 年 Mandelbrot 给出了一个通俗定义：分形是局部和整体有某种方式相似的形。该定义强调图形中局部和整体之间的自相似性。

一般地，从几何学上看，分形是实空间或复空间上一些复杂的点的集合，它们构成一个紧子集。称集 F 是分形，即认为它具有下面典型的性质[129]：

1）F 具有精细的结构，即在任意小的尺度之下，它总有复杂的细节。

2）F 是不规则的，以致它的整体和局部都不能用传统的几何语言来描述。

3）F 通常有某种自相似性，这种自相似性可能是近似的，也可能是统计意义上的。

4）F 在某种意义下的分形维数通常大于它的拓扑维数。

5）在大多数令人感兴趣的情形下，F 以非常简单的方法定义，可能以递归过程产生。

4.2.2 Koch 曲线

1904 年，瑞典数学家 Koch 设计了一条称为 Koch 曲线的图形，其设计步骤如下：设 E_0 为单位区间 $[0,1]$，第一步，即 $n=1$，以中间 $1/3$ 线段为底，向上做一个等边三角形，然后去掉中间区间 $[1/3, 2/3]$，得到一条 4 折线段的多边形 E_1；第二步，即 $n=2$，对 E_1 的 4 条折线段重复上述过程，得到一条 4^2 折线段的多边形 E_2；再重复上述过程，由 E_n 到 E_{n+1}，当趋于无穷时，便得到一条 Koch 曲线。Koch 曲线设计的基本过程如图 4.1 所示。

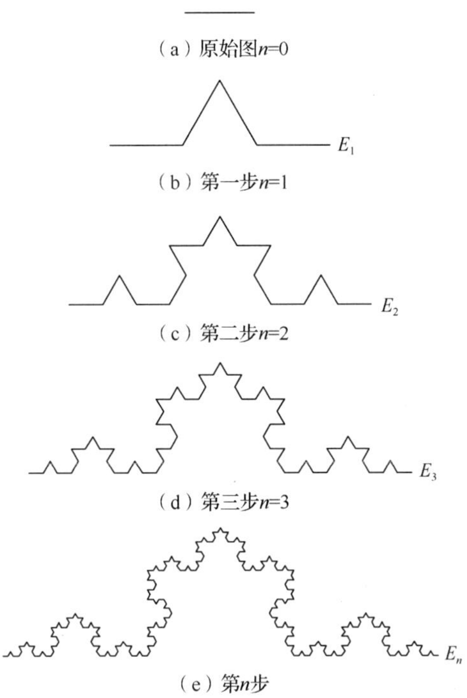

（a）原始图$n=0$

（b）第一步$n=1$

（c）第二步$n=2$

（d）第三步$n=3$

（e）第n步

图 4.1　Koch 曲线设计的基本过程

4.2.3 几何图形的维数

从几何中知道：直线的维数是 1；矩形、圆等平面图形的维数是 2；立方体、球等立体图形的维数是 3。一般将维数理解为图形中确定一个点的位置需要的坐标数。一个自然的问题是：Koch 曲线的维数为多少？

分形维数在分形理论中是非常重要的一个概念。它不同于欧氏几何学的维数，分形维数属于非欧氏几何学。分形维数是定量地表示自相似的随机形状和现象最基本的量。随着应用的不同，分形维数的定义也会不同。

1. 豪斯多夫（Hausdorff）维数

定义 4.1　设 ε 是测量单元的尺寸，$N(\varepsilon)$ 是测度得到的规则图形的测量单元数，令

$$D = \ln N(\varepsilon)/\ln(1/\varepsilon), \varepsilon \to 0$$

则称 D 为图形的维数。

对Koch曲线而言，在第n步时，其等长折线段数总数为4^n，每段长度为$(1/3)^n$，于是Koch曲线的维数D应为

$$D = \frac{\ln 4}{\ln 3} \approx 1.26186$$

2. 李雅普诺夫（Lyapunov）维数

Lyapunov维数是利用Lyapunov指数来定义的。考虑N维空间在某个时刻t，两个点在方向为i的轴上相隔的距离为$L_i(t)$，经过时间τ后，这个点的距离为$L_i(t+\tau)$，那么Lyapunov指数为

$$\lambda_i = \frac{1}{\tau}\ln\frac{L_i(t+\tau)}{L_i(t)}, \quad i = 1, 2, \cdots, N$$

则Lyapunov维数定义为

$$D = j - \frac{\lambda_1 + \lambda_2 + \cdots + \lambda_j}{\lambda_j}$$

式中，$j = \min\left\{ n \left| \sum_{j=1}^{n} \lambda_j < 0 \right. \right\}$，即$j$表示$\lambda_1 + \lambda_2 + \cdots + \lambda_j$之和为负值时的最后一个$\lambda$的下标值。

3. 相似维数

设分形整体Q由n个非重叠的部分$Q_1, Q_2, \cdots, Q_n$组成，如果每一部分Q_i经过放大$1/r_i$后可与Q全等（$0 < r_i < 1$，$i = 1, 2, \cdots, n$），并且所有$r_i = r$，则相似维数为

$$D = \frac{\ln n}{\ln(1/r)}$$

如果r_i（$i = 1, 2, \cdots, n$）不全等，则定义

$$\sum_{i=1}^{n} r_i^D = 1$$

4. 信息维数

若考虑在Hausdorff维数中每个覆盖整体Q中所含分形集元素的多少，并用p_i表示分形集的元素属于覆盖Q中的概率，则信息维数

$$D = \lim_{\varepsilon \to 0} \frac{\sum_{i=1}^{n} p_i \ln p_i}{\ln \varepsilon}$$

5. 容量维数

假设考虑的图形是 n 维欧氏空间 $\mathbf{R}^n$ 中的有限集合，用半径为 δ 的球填入该图形，若 $N(\delta)$ 是球的个数最小值，则容量维数为

$$D = \lim_{\delta \to 0} \frac{\ln N(\delta)}{\ln(1/\delta)}$$

除上述定义的几种分形维数外，还有相似维数、并联维数、微分维数、分配维数、填充维数等，限于篇幅在此不做论述。

4.3 分形与混沌

Mandelbrot[31]研究了一个简单的非线性迭代公式 $z_{n+1} = z_n^2 + c$，式中 z_{n+1} 和 z_n 都是复变量，而 c 是复参数。Mandelbrot 发现，对某些参数值 c，迭代会在复平面上的某几点之间循环反复；而对另一些参数值 c，迭代结果却毫无规则可言。前一种参数值称为吸引子，后一种所对应的现象称为混沌，而所有吸引子构成的复平面子集则称为 Mandelbrot 集。Mandelbrot 集是有史以来人们创造、制作的最诡异、最瑰丽的几何图案，因而被称为“上帝的指纹”和“魔爪的混合”。混沌理论是描述自然界不规则现象的有力工具，它的出现被认为是继相对论和量子力学之后，现代物理学的又一次革命。在非线性科学发展的过程中，分形与混沌有着不同的起源，但它们都是非线性方程所描述的非平衡过程和递归迭代的结果。它们共同的数学始祖是动力系统，奇异吸引子就是分形集。换句话说，混沌是时间上的分形，而分形是空间上的混沌。

混沌是由决定论方程得到的具有随机性的时间上的非周期过程，分形则是真实空间的图形或结构。如此看来，分形与混沌似乎是两个完全不同的客体。实际上分形与混沌有着密切联系与共同之处。

1）混沌运动在相空间中的吸引子就是分形。

2）时空混沌在空间的结构也是分形。即混沌与分形是同一系统分别在时间和空间上的表现。

3）混沌运动不仅在相空间中的吸引子是分形，它在时间标度上也具有统计自相似性。

从以上 3 点可以看出，混沌中包含分形。其实分形中也包含着混沌。混沌运动的随机性与初始状态的取值有关，实际上无规则分形的具体形状也与初始值密切相关。例如，在无规则分形生长的实验或用计算机模拟分形生长的实验中，即

使在完全相同的条件下，重复实验也不一定得到完全一致的分形图形。又如，Julia 集是一个互斥性周期点的闭包，经过迭代后，Julia 集中的点仍然属于 Julia 集，而周围的点离它远去。

实际上，混沌与分形是两门相对独立的学科，它们各自都有丰富的研究内容、重要的研究价值及广泛的应用领域。分形更侧重形态或几何特征和图形的描述。混沌注重数理的动力学及动力学与图形结合的多方位的描述和研究。人们起初对混沌与分形的研究，没有关注它们之间的联系，随着研究的深入，发现了它们互相之间的关联性，并且相互用对方的理论解决了很多的问题。

目前，详细且系统地阐明分形与混沌的关系及差异，尚是一项富有挑战性的工作。相信随着混沌与分形理论进一步的深入拓展和完善，人们终会探索到它们之间的奥秘。

4.4 Julia 集

4.4.1 数学基础

1. 概念

在分形几何中，我们关注的是形式多样的几何空间子集的结构，记这种空间为 X，研究和讨论的分形就在 X 上。

定义 4.2 空间 X 是一个集合，空间中的点是该集合中的元素。

定义 4.3 设实函数 $d: X \times X \to \mathbf{R}$。如果该函数满足：

1）非负性：$d(x,y) \geqslant 0$，$\forall x,y \in X$，$d(x,y)=0 \Leftrightarrow x=y$；

2）对称性：$d(x,y)=d(y,x)$；

3）三角不等式：$d(x,y) \leqslant d(x,z)+d(z,y)$，$\forall x,y,z \in X$。

则称函数 d 为度量，称 (X,d) 为度量空间。

定义 4.4 设点序列 $\{x_n\}(n=1,2,\cdots)$ 是度量空间 (X,d) 中的点序列，如果对于任意给定的 $\varepsilon>0$，存在一个正整数 $\mathbf{N}$ 使得

$$d(x_n,x_m)<\varepsilon, \ \forall n,m>\mathbf{N}$$

成立，则称点序列 $\{x_n\}$ 为柯西（Cauchy）序列。

定义 4.5 设点序列 $\{x_n\}(n=1,2,\cdots)$ 是度量空间 (X,d) 中的点序列，$x \in X$，如果对于任意给定的 $\varepsilon>0$，存在一个正整数 $\mathbf{N}$ 使得

$$d(x_n,x)<\varepsilon, \forall n>\mathbf{N}$$

成立，则称点序列$\{x_n\}$在度量空间(X,d)中收敛于x，记为

$$x=\lim_{n\to\infty}x_n$$

定义 4.6　如果X中的每个 Cauchy 序列都有极限，则称度量空间(X,d)是完备的。

定义 4.7　设$S\subset X$是度量空间(X,d)的子集，$x\in X$，如果存在点集$x_n\in S\setminus\{x\}$的一个序列$\{x_n\}$使得$\lim\limits_{n\to\infty}x_n=x$，则称$x$为$S$的极限点。

定义 4.8　设$S\subset X$是度量空间(X,d)的子集，由S和它的所有极限点构成的集合称为S的闭包，记为$\overline{S}$。如果$\overline{S}=S$，则称S是闭的；如果S等于它的极限点集合，则称S是完备的。

定义 4.9　设$S\subset X$是度量空间(X,d)的子集，如果S中的每个无限序列$\{x_n\}$都有一个极限在S中的子序列，则称S是紧的。

定义 4.10　设$S\subset X$是度量空间(X,d)的子集，如果对每个$\varepsilon>0$，集合

$$B(x,\varepsilon)=\{y\in X:d(x,y)<\varepsilon\}$$

都包含有S和$X\setminus S$的点，则称x是S边界点。所有S的边界点集合称为S的边界并记为∂S。

2. 逃逸时间法

逃逸时间法是基于迭代法的一种画图方法。

定义 4.11　设f是一个变换，f的向前迭代变换f^n定义为

$f^0(x)=x$，$f^1(x)=f(x)$，$f^2(x)=f(f(x))$，…，$f^{n+1}(x)=f(f^n(x))$，…

设$z\in C$，其中C是全体复数的集合。令(a,b)和(c,d)是复平面上一个正方形区域W的两个对角顶点，M是一个正整数，定义W中的点

$$z_{pq}=\left(a+p\frac{c-a}{M},b+q\frac{d-b}{M}\right),\ p,q=0,1,\cdots,M$$

画图时，用计算机屏幕上的一个像素来表示这个点，观察轨道$\{f^n(z_{pq})\},n=0,1,\cdots$上点的运行状况。

设r为正数，以原点为中心，r为半径的圆包含了W，定义

$$V=\{z\in C:|z|>r\}$$

令N为正整数，对每个$p,q=0,1,\cdots,M$，计算轨道$\{f^n(z_{pq})\}$，n不能超过N。当$n=N$时，如果$\{f^n(z_{pq})\}$的轨道点没有落入V，则转向下一个(p,q)值，否则当$n\leqslant N$时，存在第一个整数n，使得$f^n(z_{pq})\in V$，则相应于z_{pq}的像素点就要被点

上一个颜色，然后计算转向下一个(p,q)值。这种计算机画图方法提供了W中不同点轨道到达区域V的一个长度。

上面这种画图算法称为逃逸时间法。可理解为闭域W中的点轨道随时间变化是否逃出该区域。

4.4.2 Julia 集的基本理论

设$f:C \to C$为复数域的$n \geqslant 2$阶的多项式$f(z)=a_0+a_1z+\cdots+a_nz^n$，令

$f^0(z)=z$，$f^1(z)=f(z)$，$f^2(z)=f(f(z))$，$\cdots$，$f^{n+1}(z)=f(f^n(z))$，$\cdots$

1）若存在$w \in C$，使$f(w)=w$，则称点w为f的不动点。

2）若存在大于 1 的整数p及$w \in C$，使得$f^p(w)=w$，则称w为f的周期点，使$f^p(w)=w$的最小p称为w的周期，且称$w,f(w),\cdots,f^p(w)$为周期p轨道。

3）设w是周期为p的周期点，且$(f^p)'(w)=\lambda$。

如果$\lambda=0$，则称点w为超吸引的；

如果$0 \leqslant |\lambda|<1$，则称点w为吸引的；

如果$|\lambda|=1$，则称点w为中性的；

如果$|\lambda|>1$，则称点w为斥性的。

定义 4.12 f的斥性周期点的闭包称为f的 Julia 集，记为$J(f)$。Julia 集的余集称为法图（Fatou）集或稳定集，记为$F(f)$。

定义 4.13 设U是复平面C中的开集，$g_k:U \to C$为一解析函数族，如果$\{g_k\}$的子序列在U的紧子集上一致收敛，并且收敛到有界解析函数或收敛到∞，则称$\{g_k\}$在U上是正规的。

定义 4.14 如果存在U的某个包含内点w的开子集V，使$\{g_k\}$在V上是正规族，则称函数族$\{g_k\}$在U的内点w上是正规的。

定理 4.1（Montel 定理） 设$\{g_k\}$为开区域U上的一族复变解析函数，如果$\{g_k\}$为非正规族，则对所有的$w \in C$，至多除去一个例外值，存在k和$z \in C$，使得$g_k(z)=w$。

复变多项式f迭代后的一些性质如下。

令 $J(f)=J_0(f)=\{z \in C: 函数族 \{f^k\}_{k \geqslant 0} 在 z 非正规\}$。

命题 4.1 $J(f)$是非空有界的。

命题 4.2 $J(f)$是不包含孤立点的不可数紧子集。

命题 4.3 $J(f)$是全不变的，即$J(f)=f(J(f))=f^{-1}(J(f))$。

命题 4.4 如果 $z \in J(f)$，则 $J(f)=\overline{\bigcup_{k=1}^{\infty} f^{-k}(z)}$。

命题 4.5 对每个正整数 p， $J(f)=J(f^{p})$。

命题 4.6 $J(f)$ 是 f 的包含无穷远点在内的每一吸引不动点的吸引域的边界，即 $J(f)=\partial A(w)$，其中 $\partial A(w)$ 为吸引不动点 w 的吸引域 $A(w)$ 的边界， w 可为 ∞。

4.5 Julia 集的反馈控制

Julia 集由一个复函数的迭代生成，一般来讲，Julia 集是动力系统中的斥子。在实际问题中，需要制约非线性吸引域的区域大小以满足技术问题的要求，或需要系统表现不同的行为和性能，这就要求我们对其 Julia 集加以控制。因此对非线性系统的分形现象（如 Julia 集）的有效控制就显得十分重要。但是在对分形中 Julia 集的研究中，人们研究的重点是它的性质和应用，以及图形的制作问题。近几年，对于分形的有效控制讨论也引起人们的注意。文献[130-132]研究了扰动、噪声对分形集的影响；文献[133]～[135]将控制的思想和方法引入分形理论中，对 Julia 集与 Mandelbrot 集进行了有效的控制，并进行了应用分析。

4.5.1 问题描述

考虑复平面上的二次多项式函数

$$z_{n+1}=z_n^2+c \tag{4.1}$$

式中， c 为复数； $z=a+b\mathrm{i}$； a,b 为实数。

为了实现对二次多项式函数式（4.1）产生的 Julia 集的控制，考虑如下加入控制项 u_n 的系统

$$z_{n+1}=z_n^2+c+u_n \tag{4.2}$$

设 z^* 为系统式（4.1）的不稳定不动点。我们的控制目标是使 z^* 成为系统式（4.2）的稳定不动点，为此取 $u_n=k(z_n^2+c-z^*)$，得到

$$z_{n+1}=z_n^2+c+k(z_n^2+c-z^*) \tag{4.3}$$

这里的 k 是取值为实数的控制参数。

4.5.2 控制参数的确定

由式（4.3）得

$$z_{n+1}=(1+k)z_n^2+\lambda \tag{4.4}$$

式中，$\lambda=(1+k)c-kz^*$。

设 $f(z)=(1+k)z_n^2+\lambda$。下面根据 Julia 集的性质 $J(f)=\partial A(z^*)=\partial A(\infty)$ 来讨论控制系统式（4.4）的 Julia 集的结构，其中 z^* 为 f 的吸引不动点，$A(z^*)$ 为 f 的吸引不动点 z^* 的吸引域。考虑方程

$$|1+k|z^2-z-|(1+k)c-kz^*|=0 \tag{4.5}$$

易求得式（4.5）有一个正根 $T=\dfrac{1+\sqrt{1+4|1+k||(1+k)c-kz^*|}}{2|1+k|}$。

当 $|z|>T$ 时，

$$\begin{aligned}
|f(z)|&=|(1+k)z^2+(1+k)c-kz^*|\\
&\geqslant\big||(1+k)z^2|-|(1+k)c-kz^*|\big|\\
&=\left|\frac{|1+k||z^2|}{T^2}T^2-|(1+k)c-kz^*|\right|\\
&=\left|\frac{|z^2|}{T^2}(|1+k|T^2)-|(1+k)c-kz^*|\right|\\
&=\left|\left(\frac{|z|}{T}\right)^2(T+|(1+k)c-kz^*|)-|(1+k)c-kz^*|\right|\\
&=\left|\left(\frac{|z|}{T}\right)^2T+|(1+k)c-kz^*|\left(\left(\frac{|z|}{T}\right)^2-1\right)\right|\\
&=\left(\frac{|z|}{T}\right)^2T+|(1+k)c-kz^*|\left(\left(\frac{|z|}{T}\right)^2-1\right)\\
&>\left(\frac{|z|}{T}\right)^2T\\
&>T
\end{aligned}$$

进而，有 $\left|f^n(z)\right| > \left(\frac{|z|}{T}\right)^{2^n} T$。显然随着迭代次数 n 趋于无穷大，$\left|f^n(z)\right|$ 也趋于无穷大。因此控制系统式（4.4）的 Julia 集位于集合 $\{z \| z| \leqslant T\}$ 内。

由 $\left|f'(z^*)\right| < 1$ 是保证不稳定不动点 z^* 稳定的一个条件，可以得到控制参数 k 的范围。因为 $f'(z^*) = 2(1+k)z^*$，所以得到当参数 k 满足 $|1+k| < \frac{1}{2|z^*|}$ 时，z^* 是控制系统式（4.4）的稳定不动点。由于

$$
\begin{aligned}
\left|f^{-1}(z)\right|^2 &= \frac{\left|z-(1+k)c+kz^*\right|}{1+k} \\
&= \frac{\left|z-z^*-(1+k)c+(1+k)z^*\right|}{1+k} \\
&\leqslant \left|z^*\right| + |c| + \frac{T+\left|z^*\right|}{1+k}
\end{aligned}
$$

所以当 $|1+k|$ 增大时，$\left|f^{-1}(z)\right|$ 减少。由此可以知道控制系统式（4.4）的 Julia 集依赖 $|1+k|$ 的大小。特别地，当 k 为大于 -1 的实数时，随控制参数 k 的增大，控制系统式（4.4）的 Julia 集会越来越小。

4.5.3 数值仿真

Julia 集研究复平面上的迭代，这样的复平面上的迭代等价于二维实平面上的迭代。复平面上的二次函数式（4.1）等价于二维实平面上的迭代

$$
\begin{aligned}
x_{n+1} &= x_n^2 - y_n^2 + a \\
y_{n+1} &= 2x_n y_n + b
\end{aligned}
$$

复平面上的二次函数式（4.3）等价于二维实平面上的迭代

$$
\begin{aligned}
x_{n+1} &= (1+k)(x_n^2 - y_n^2 + a) - k\,\mathrm{Re}(z^*) \\
y_{n+1} &= (1+k)(2x_n y_n + b) - k\,\mathrm{Im}(z^*)
\end{aligned}
$$

下面的仿真表明了当 $c=-1$ 和 $c=0.25+0.52\mathrm{i}$ 时控制系统式（4.4）的 Julia 集变化情况。图 4.2 和图 4.3 的横坐标轴为复数的实部，纵坐标轴为复数的虚部。

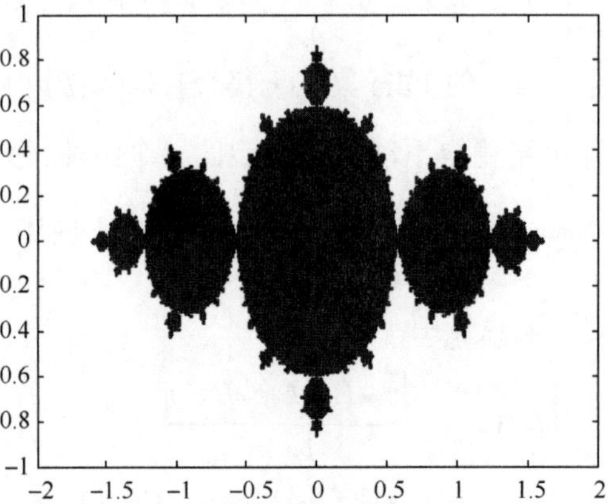

（a）c=−1，k=−0.08

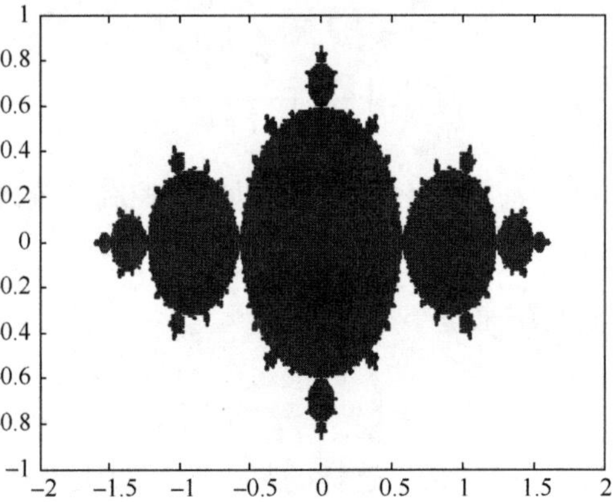

（b）c=−1，k=−0.04

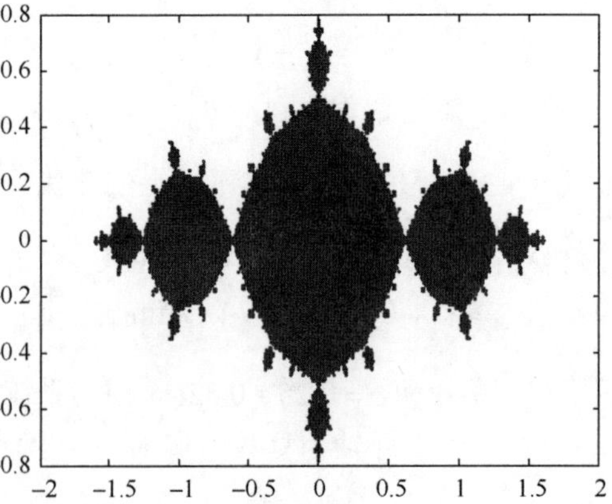

（c）c=−1，k=0

图 4.2　$c=-1$ 时控制系统式（4.4）的 Julia 集随不同 k 值的变化情况

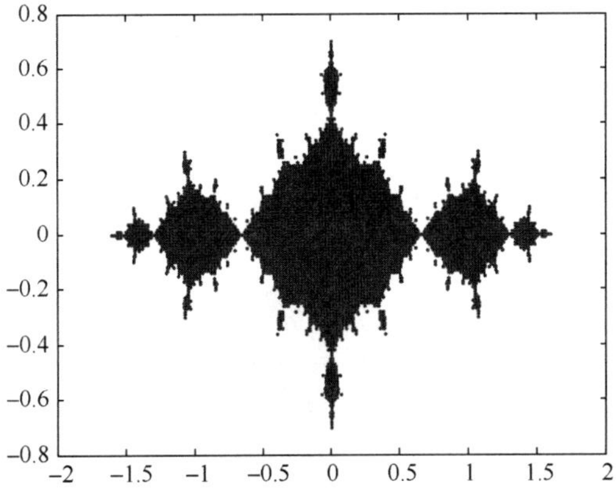

（d）c=−1，k=0.04

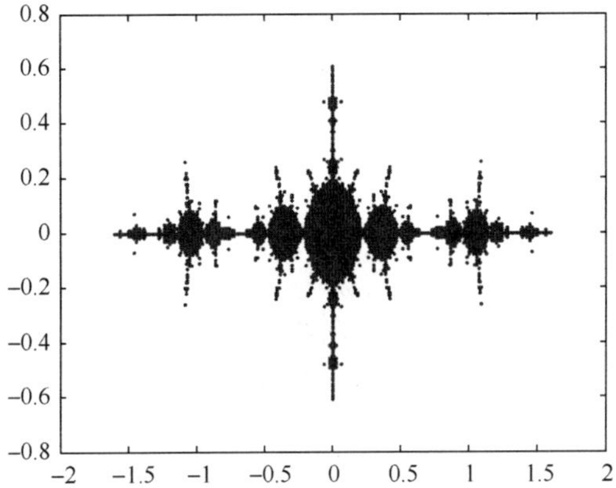

（e）c=−1，k=0.08

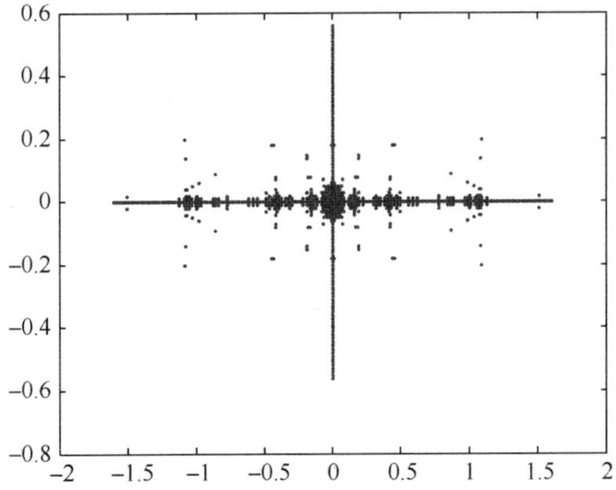

（f）c=−1，k=0.1

图 4.2（续）

仿真图 4.2 中阴影区域的边界即为控制系统式（4.4）的 Julia 集，该图显示了在 $c=-1$ 的情形下，控制系统式（4.4）的 Julia 集随 k 的变化情况。由图 4.2 可知，当控制参数逐渐增大时，控制系统的相应的 Julia 集逐渐缩小，其中图 4.2（c）为 $k=0$ 即无控制时的 Julia 集。这验证了上述结论，表明该控制方法的有效性。

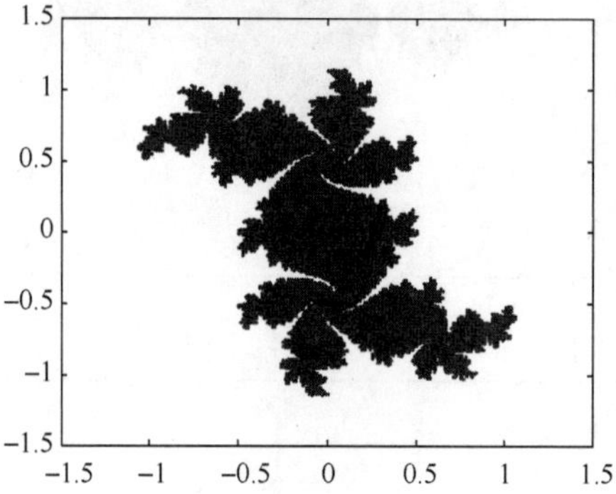

（a）c=0.25+0.52i，k=0

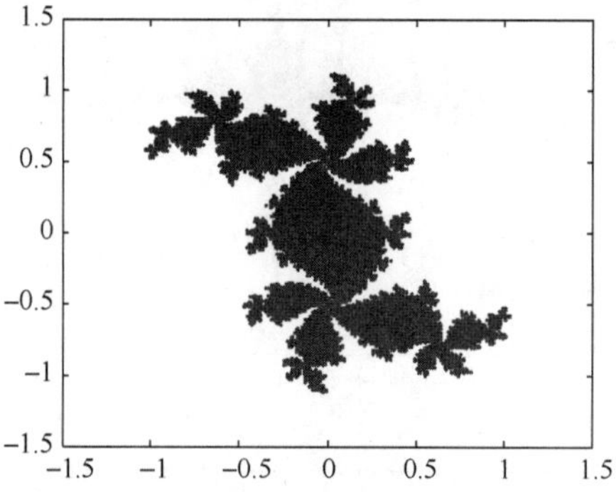

（b）c=0.25+0.52i，k=0.03

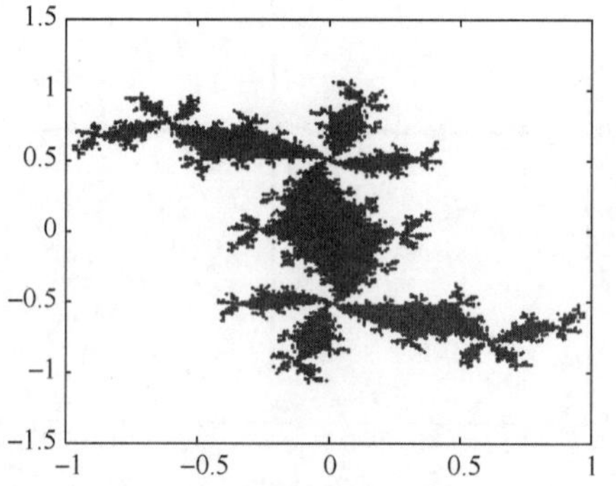

（c）c=0.25+0.52i，k=0.08

图 4.3　$c=0.25+0.52\mathrm{i}$ 时控制系统式（4.4）的 Julia 集随不同 k 值的变化情况

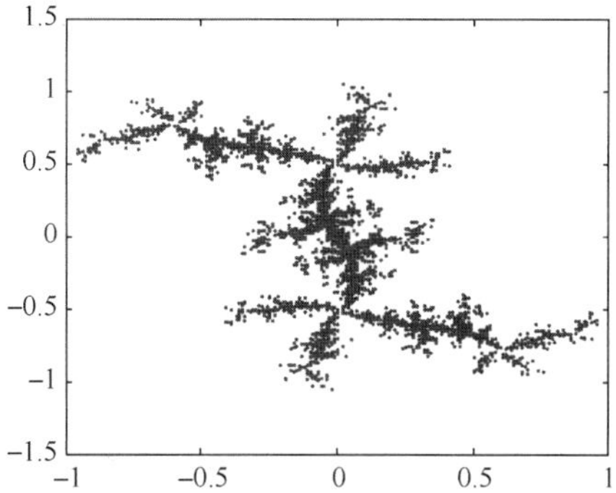

（d）c=0.25+0.52i，k=0.1

图 4.3（续）

仿真图 4.3 中阴影区域的边界即为控制系统式（4.4）的 Julia 集，该图显示了在 $c=0.25+0.52\mathrm{i}$ 的情形下，控制系统式（4.4）的 Julia 集随 k 的变化情况。由图 4.3 可知，当控制参数逐渐增大时，控制系统的相应的 Julia 集逐渐缩小，其中图 4.3（a）为 $k=0$ 即无控制时的 Julia 集。这验证了上述结论，表明该控制方法的有效性。

第 5 章 超混沌系统的同步研究

Lyapunov 指数是刻画混沌的一个重要物理特征量，也被用来区分混沌和超混沌系统。如果系统具有两个或两个以上正的 Lyapunov 指数，那么该系统是超混沌的。例如，对一个四维连续自治系统，若有一个正、一个零和两个负的 Lyapunov 指数，则系统是混沌的；若具有两个正、一个零和一个负的 Lyapunov 指数，则该系统是超混沌的。

超混沌系统具有两个正的 Lyapunov 指数，意味着这类系统将在两个方向扩张。相对于在一个方向扩张的混沌系统（具有一个正的 Lyapunov 指数）而言，将会产生更为复杂的动力学行为，系统的动态行为更加难以预测，因此在保密通信方面比一般的混沌系统具有更高的使用价值，受到了科研工作者的普遍关注。

与低维混沌系统相比，超混沌系统具有更为复杂的非线性动力学行为，它具有两个或两个以上的 Lyapunov 指数，同步方法与混沌同步类似，但与混沌系统相比，超混沌系统更难实现同步。常见的超混沌同步方法主要有以下三种。

1. 主动控制同步

通过构造合理的控制器来消除误差系统中的非线性项，从而使得误差系统能够渐近稳定，就能实现响应系统相对于驱动系统达到同步。由于各个超混沌系统之间的联系无法预知，所以相对来说控制器的构造有简单的也有复杂的。

2. 反馈控制同步

把混沌同步问题看成是一类让被控混沌系统轨道按目标混沌系统轨道运动的控制问题。被控系统就是响应混沌系统，目标系统就是驱动混沌系统。利用驱动系统和响应系统的误差信号，施加反馈控制可使响应系统跟踪驱动系统实现同步。

3. 自适应控制同步

利用自适应控制技术来自动调整系统的某些参数，可使系统达到混沌同步的目的。应用这一方法有两个前提条件：

1）系统至少有一个或多个参数可以得到。

2）对于所期望的轨道，这些参数值是已知的。

超混沌系统同步方法按照驱动系统和响应系统的结构分类，可以分为同结构超混沌同步和异结构超混沌同步。

本章研究的是超混沌系统的同步问题。首先研究同结构超混沌系统的投影同步问题，给出同步控制器的解析式；然后研究不同结构混沌系统同步问题，也给出同步控制器的解析式；最后用理论分析和数值仿真结果证实同步控制器的有效性。

5.1　同结构超混沌系统的投影同步

5.1.1　问题描述

考虑混沌系统

$$\dot{\boldsymbol{x}} = f(\boldsymbol{x}) \tag{5.1}$$

式中，$\boldsymbol{x} \in \mathbf{R}^n$ 是状态向量；$f(\boldsymbol{x}) \in \mathbf{R}^n$ 是连续可微向量函数。不妨设 $\boldsymbol{x} = \mathbf{0}$ 为系统的一个平衡点，以混沌系统式（5.1）作为驱动系统，响应系统为

$$\dot{\boldsymbol{y}} = f(\boldsymbol{y}) + \boldsymbol{B}\tilde{\boldsymbol{u}} \tag{5.2}$$

式中，$\boldsymbol{B} \in \mathbf{R}^{n\times n}$ 是非奇异常数矩阵；$\tilde{\boldsymbol{u}} \in \mathbf{R}^n$ 是控制向量。令响应系统式（5.2）与驱动系统式（5.1）的同步状态误差为

$$\boldsymbol{e} = \boldsymbol{y} + \alpha \boldsymbol{x} \tag{5.3}$$

式中，α 取值为实数。本节分析的目的是寻找控制律 $\tilde{\boldsymbol{u}}$，使得

$$\lim_{t\to\infty}\|\boldsymbol{e}\|=0$$

从而实现超混沌系统的控制和同步，$\|\cdot\|$是向量 2-范数。当$\alpha=0$时，控制问题就是对响应系统式（5.2）的超混沌控制；当$\alpha=-1$时，控制问题就是对响应系统式（5.2）和驱动系统式（5.1）的同步；当$\alpha=1$时，控制问题就是对响应系统式（5.2）和驱动系统式（5.1）的反同步。

5.1.2 理论分析

对式（5.1）中的非线性函数$f(\boldsymbol{x})$，根据 Taylor 定理

$$f(\boldsymbol{x})=f(\boldsymbol{0})+\frac{\partial f}{\partial \boldsymbol{x}}(0)\boldsymbol{x}+g(\boldsymbol{x})$$

式中，$g(\boldsymbol{x})$满足$\lim\limits_{\|\boldsymbol{x}\|\to 0}\dfrac{\|g(\boldsymbol{x})\|}{\|\boldsymbol{x}\|}=0$. 由$f(\boldsymbol{0})=\boldsymbol{0}$，驱动系统式（5.1）变为

$$\dot{\boldsymbol{x}}=A\boldsymbol{x}+g(\boldsymbol{x})$$

同理响应系统式（5.2）变为

$$\dot{\boldsymbol{y}}=\boldsymbol{A}\boldsymbol{y}+g(\boldsymbol{y})+\boldsymbol{B}\tilde{\boldsymbol{u}}$$

式中，$\boldsymbol{A}=\dfrac{\partial f}{\partial \boldsymbol{y}}(\boldsymbol{0})=\dfrac{\partial f}{\partial \boldsymbol{x}}(\boldsymbol{0})$，则同步状态误差状态方程为

$$\dot{\boldsymbol{e}}=\boldsymbol{A}\boldsymbol{e}+\alpha g(\boldsymbol{x})+g(\boldsymbol{y})+\boldsymbol{B}\tilde{\boldsymbol{u}} \tag{5.4}$$

令$\tilde{\boldsymbol{u}}=\boldsymbol{u}+\boldsymbol{v}$，$\boldsymbol{u}=-\boldsymbol{B}^{-1}[\alpha g(\boldsymbol{x})+g(\boldsymbol{y})]$，$\boldsymbol{v}=-\boldsymbol{K}\boldsymbol{e}$，其中$\boldsymbol{K}$是待确定的常数矩阵。则

$$\tilde{\boldsymbol{u}}=-\boldsymbol{B}^{-1}[\alpha g(\boldsymbol{x})+g(\boldsymbol{y})]-\boldsymbol{K}\boldsymbol{e} \tag{5.5}$$

式（5.4）变为线性系统

$$\dot{\boldsymbol{e}}=(\boldsymbol{A}-\boldsymbol{B}\boldsymbol{K})\boldsymbol{e} \tag{5.6}$$

显然$\boldsymbol{u}$为一个非线性控制器，$\boldsymbol{v}$为一个线性控制器，因此把式（5.2）中加入的控制项$\tilde{\boldsymbol{u}}$称为一个线性与非线性混合同步控制器。

误差系统式（5.6）中有两个待定参数矩阵$\boldsymbol{B}$和$\boldsymbol{K}$，它们按以下原则选取：

1）选矩阵$\boldsymbol{B}$非奇异，且$\{\boldsymbol{A},\boldsymbol{B}\}$能控。

2）选矩阵$\boldsymbol{K}$，使$\boldsymbol{A}-\boldsymbol{B}\boldsymbol{K}$的特征根在左半平面。

从而有如下结论：

定理 5.1 若参数矩阵$\boldsymbol{B}$和$\boldsymbol{K}$满足条件 1）和 2），则超混沌系统式（5.1）和式（5.2）在控制器式（5.5）下渐近同步。

证明　因为$\{\boldsymbol{A},\boldsymbol{B}\}$能控，根据极点配置理论，存在矩阵$\boldsymbol{K}$，使得$\boldsymbol{A}-\boldsymbol{BK}$的所有特征值具有负实部。这样，动态系统式（5.6）在原点渐近稳定，即$\lim\limits_{t\to\infty}\|\boldsymbol{e}\|=0$。这表明，对响应系统式（5.2）和驱动系统式（5.1），在控制器式（5.5）下实现了超混沌的控制、同步和反同步。定理证毕。

由定理 5.1 可知，当由极点配置方法确定了使矩阵$\boldsymbol{A}-\boldsymbol{BK}$的所有特征值具有负实部的非奇异常数矩阵$\boldsymbol{B}$和常数矩阵$\boldsymbol{K}$，我们就获得了使超混沌系统式（5.1）和式（5.2）的同步状态反馈控制器式（5.5）。条件 1）中$\boldsymbol{B}$的非奇异性保证了非线性控制器式（5.5）的存在。

注意：

1）α的取值不同，控制目的不同，根据非线性控制器式（5.5）可以看出，不同目的下的控制律具有不同形式。

2）矩阵$\boldsymbol{B}$为设计矩阵，为方便可以取为单位矩阵，这样矩阵$\boldsymbol{K}$的确定可以变得很简单，只要使矩阵$\boldsymbol{A}-\boldsymbol{K}$成为对角阵且对角线上的元素都为负即可。

3）在该控制框架下，根据需要可以事先指定一组期望的极点，通过$\boldsymbol{K}$的确定，使线性系统式（5.6）具有期望的极点。这样，除了能够达到控制的目的，还能兼顾动态指标。

5.1.3　数值仿真

1981 年，Newton 和 Leipnik 在研究刚体运动时提出了一个非线性系统[136]：

$$\begin{cases}\dot{\boldsymbol{x}}_1=-a\boldsymbol{x}_1+\boldsymbol{x}_2+10\boldsymbol{x}_2\boldsymbol{x}_3\\ \dot{\boldsymbol{x}}_2=-\boldsymbol{x}_1-0.4\boldsymbol{x}_2+5\boldsymbol{x}_1\boldsymbol{x}_3\\ \dot{\boldsymbol{x}}_3=b\boldsymbol{x}_3-5\boldsymbol{x}_1\boldsymbol{x}_2\end{cases}\tag{5.7}$$

式中，$\boldsymbol{x}_1,\boldsymbol{x}_2,\boldsymbol{x}_3$是系统的状态向量；$a,b$是两个正的实参数。研究表明，当$a=0.4$，$b=0.175$，初始条件分别取为$(0.349,0,-0.16)^{\mathrm{T}}$和$(0.349,0,-0.18)^{\mathrm{T}}$时，非线性系统式（5.7）存在一个双混沌吸引子。最近，Dibakar 等[137]在 Newton-Leipnik 系统中增加一个状态变量$\boldsymbol{x}_4$，提出如下超混沌 Newton-Leipnik 系统：

$$\begin{cases}\dot{\boldsymbol{x}}_1=-a\boldsymbol{x}_1+\boldsymbol{x}_2+10\boldsymbol{x}_2\boldsymbol{x}_3+\boldsymbol{x}_4\\ \dot{\boldsymbol{x}}_2=-\boldsymbol{x}_1-0.4\boldsymbol{x}_2+5\boldsymbol{x}_1\boldsymbol{x}_3\\ \dot{\boldsymbol{x}}_3=b\boldsymbol{x}_3-5\boldsymbol{x}_1\boldsymbol{x}_2\\ \dot{\boldsymbol{x}}_4=-c\boldsymbol{x}_1\boldsymbol{x}_3+\boldsymbol{d}\boldsymbol{x}_4\end{cases}\tag{5.8}$$

式中，$\boldsymbol{x}_1,\boldsymbol{x}_2,\boldsymbol{x}_3$是系统的状态向量，$a,b,c,d$是四个正的实参数。当$a=0.4,b=0.175$，$c=0.8,d=0.01$，初始条件取$\boldsymbol{x}_0=(0.349,0,-0.18,0.2)^{\mathrm{T}}$时，式（5.8）的混沌吸引子如图 5.1 所示。

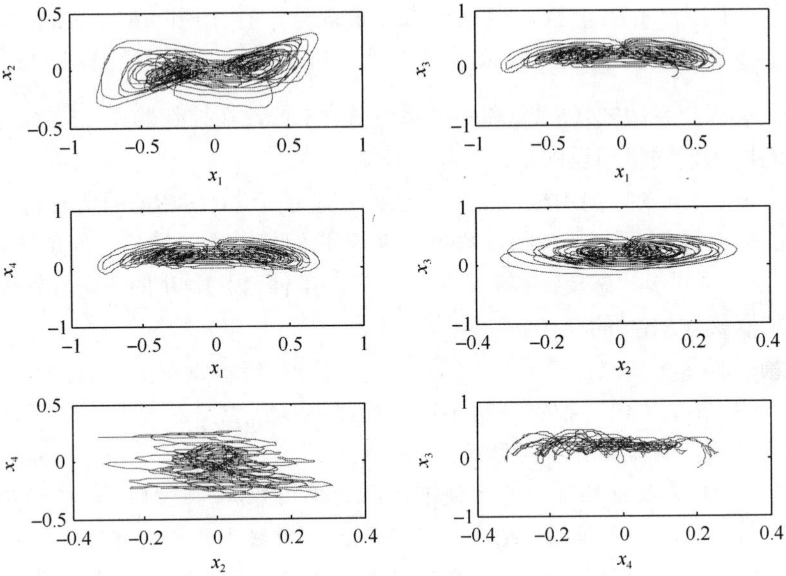

图 5.1 超混沌 Newton-Leipnik 系统的混沌吸引子

设式（5.8）为驱动系统，响应系统为

$$\begin{cases} \dot{y}_1 = -ay_1 + y_2 + 10y_2y_3 + y_4 + u_1 \\ \dot{y}_2 = -y_1 - 0.4y_2 + 5y_1y_3 + u_2 \\ \dot{y}_3 = by_3 - 5y_1y_2 + u_3 \\ \dot{y}_4 = -cy_1y_3 + dy_4 + u_4 \end{cases} \tag{5.9}$$

式（5.8）在原点 $(0,0,0,0)^{\mathrm{T}}$ 处的 Jacobi 矩阵和非线性项分别为

$$\boldsymbol{A} = \begin{pmatrix} -a & 1 & 0 & 1 \\ -1 & -0.4 & 0 & 0 \\ 0 & 0 & b & 0 \\ 0 & 0 & 0 & d \end{pmatrix}, \quad g(x) = \begin{pmatrix} 10x_2x_3 \\ 5x_1x_3 \\ -5x_1x_2 \\ -cx_1x_3 \end{pmatrix}$$

取矩阵 $\boldsymbol{B}$ 为四阶单位阵，令响应系统式（5.9）与驱动系统式（5.8）的同步状态误差为

$$e_i = y_i + \alpha x_i, \quad i = 1,2,3,4, \quad \alpha = 0,-1,1$$

选择线性系统 $\dot{\boldsymbol{e}} = (\boldsymbol{A} - \boldsymbol{BK})\boldsymbol{e}$ 的极点分别为 $-1,-0.4,-0.175,-0.6$，利用 MATLAB 软件可以求得矩阵

$$\boldsymbol{K} = \begin{pmatrix} 0 & 1 & 0 & 1 \\ -1 & 0 & 0 & 0 \\ 0 & 0 & 0.35 & 0 \\ 0 & 0 & 0 & 0.61 \end{pmatrix}$$

由式（5.5）得控制律为

$$\begin{cases} u_1 = -10y_2y_3 - 10\alpha x_2x_3 - e_2 - e_4 \\ u_2 = -5y_1y_3 - 5\alpha x_1x_3 + e_1 \\ u_3 = 5y_1y_2 + 5\alpha x_1x_2 - 2be_3 \\ u_4 = cy_1y_3 + c\alpha x_1x_3 - 61de_4 \end{cases} \tag{5.10}$$

1）当 $\alpha = 0$ 时，由式（5.10）确定的控制律可将超混沌系统式（5.9）控制到平衡点。取初始值 $\boldsymbol{y}_0 = (0.349, 0, -0.18, 0.2)^{\mathrm{T}}$ 进行仿真实验。为了比较，在 $t = 50\mathrm{s}$ 时施加控制，图 5.2 是超混沌系统式（5.9）在受控前后状态变量随时间 t 的变化图。

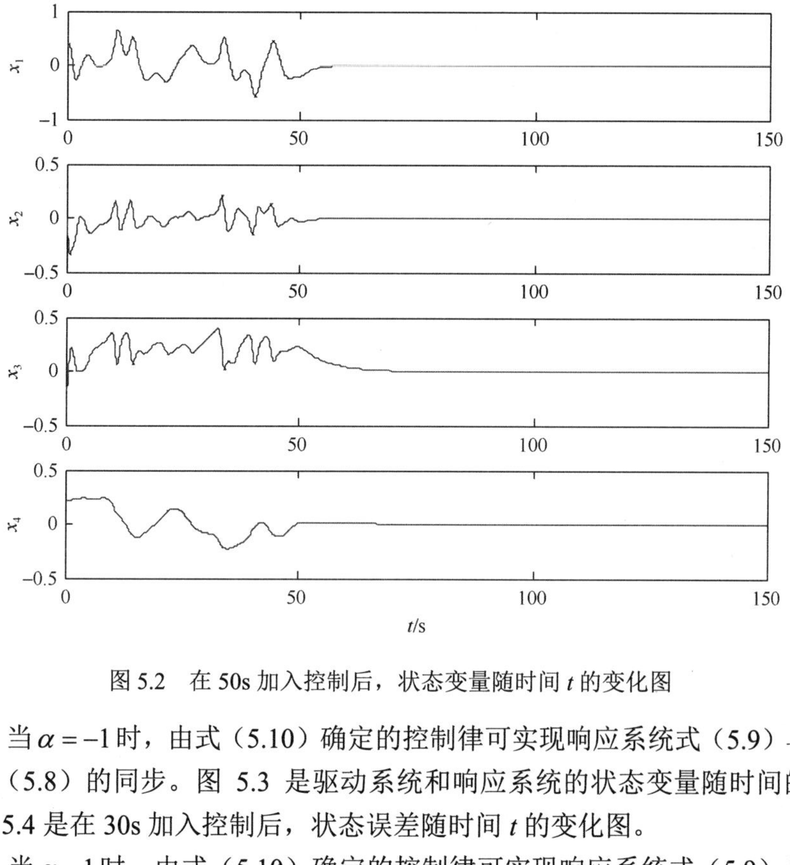

图 5.2　在 50s 加入控制后，状态变量随时间 t 的变化图

2）当 $\alpha = -1$ 时，由式（5.10）确定的控制律可实现响应系统式（5.9）与驱动系统式（5.8）的同步。图 5.3 是驱动系统和响应系统的状态变量随时间的变化图，图 5.4 是在 30s 加入控制后，状态误差随时间 t 的变化图。

3）当 $\alpha = 1$ 时，由式（5.10）确定的控制律可实现响应系统式（5.9）与驱动系统式（5.8）的反同步。图 5.5 是驱动系统和响应系统的状态变量随时间的变化图，图 5.6 是在 20s 加入控制后，状态误差随时间 t 的变化图。

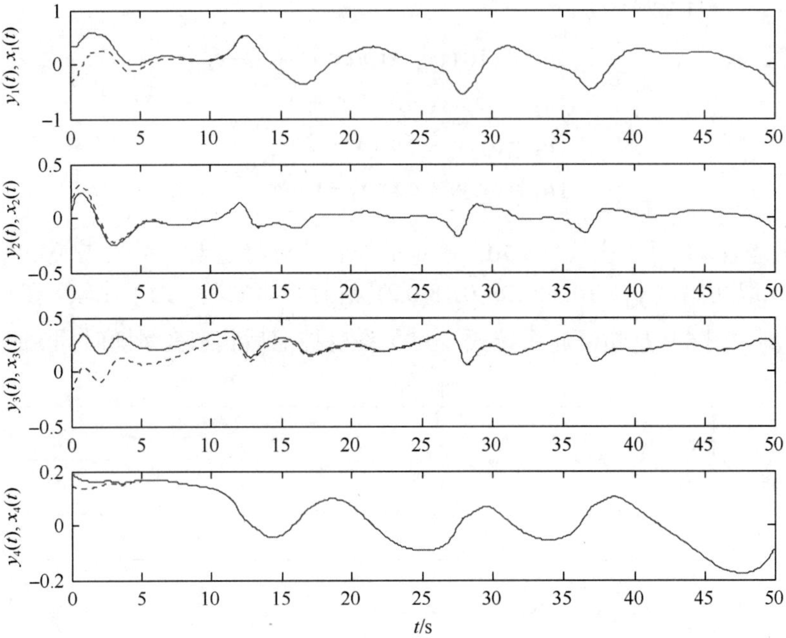

图 5.3　驱动系统和响应系统的状态变量随时间 t 的变化

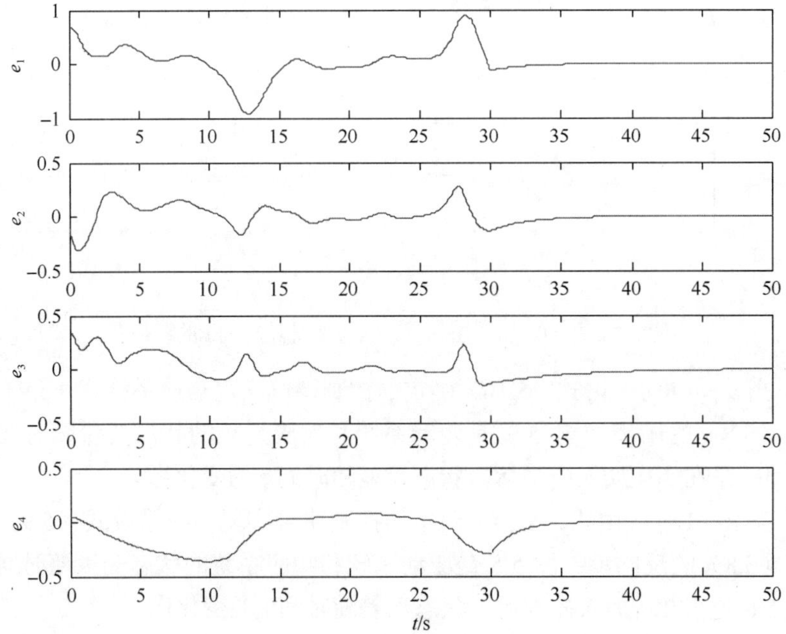

图 5.4　在 30s 加入控制后，状态误差随时间 t 的变化

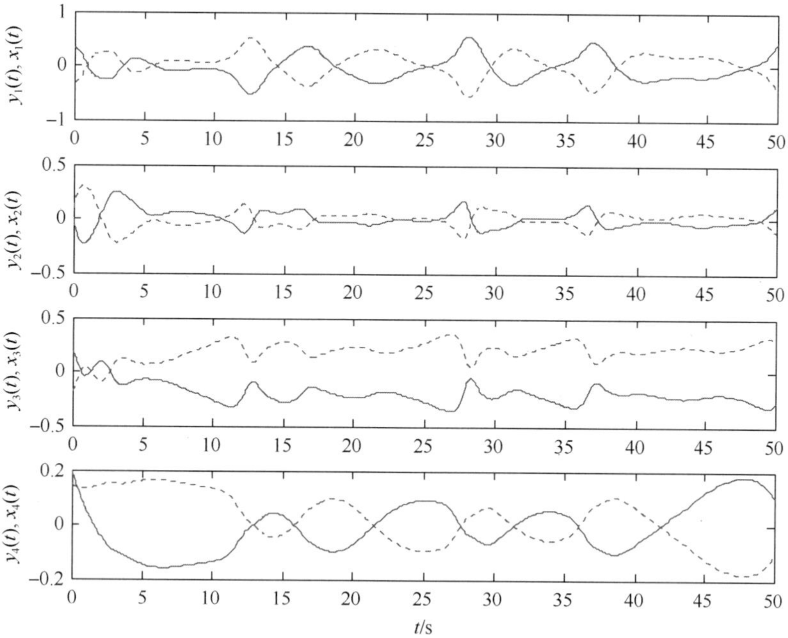

图 5.5　驱动系统和响应系统的状态变量随时间 t 的变化

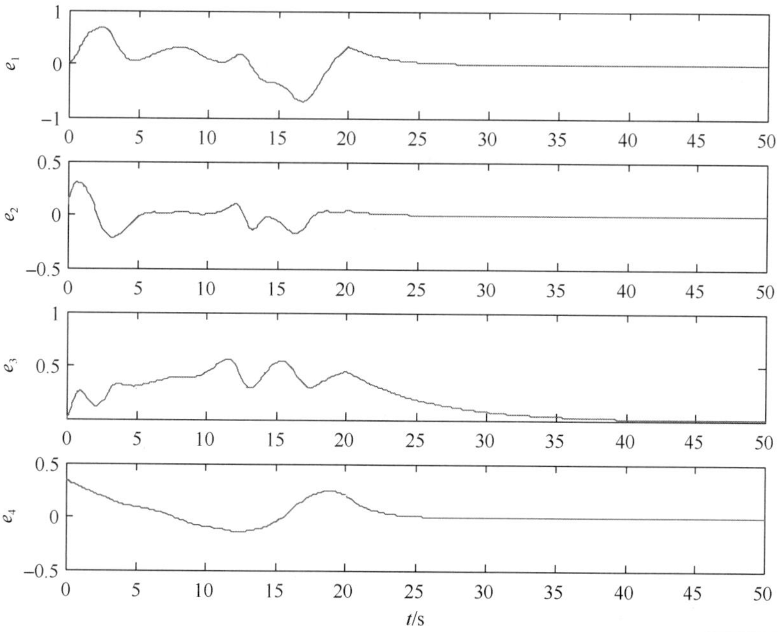

图 5.6　在 20s 加入控制后，状态误差随时间 t 的变化

5.2 异结构混沌系统的同步

虽然人们已对混沌同步问题做了大量研究，但是其中的大部分工作是考虑相同结构混沌系统的同步，对异结构混沌系统的同步还没引起足够的关注。同步是自然界中的一种基本现象，可以看作大系统内部各个子系统之间的一种协同机理。在激光、生物系统及感知处理过程中，人们很难假定各个子系统的结构相同。因此，从协同学的角度看，异结构混沌系统同步的研究具有重要的实际意义和应用价值。而在保密通信中，如果能实现异结构混沌系统的同步，则将明显扩大混沌同步的范围，提高通信的保密性。

混沌系统敏感地依赖于初值条件，对于异结构的混沌系统，初值条件的微小变化最终将引起系统之间动态行为的巨大差异；而且，相空间中它们的吸引域也大不相同，所以与相同系统混沌同步问题相比，异结构系统的混沌同步实现起来较为困难。

5.2.1 问题描述

考虑混沌系统

$$\dot{\boldsymbol{x}} = \boldsymbol{A}\boldsymbol{x} + f(\boldsymbol{x}) \tag{5.11}$$

式中，$\boldsymbol{x} \in \mathbf{R}^n$ 是状态向量；$\boldsymbol{A} \in \mathbf{R}^{n\times n}$ 是常数矩阵；$f(\boldsymbol{x}) \in \mathbf{R}^n$ 是连续可微向量函数。

考虑混沌系统

$$\dot{\boldsymbol{y}} = \boldsymbol{B}\boldsymbol{y} + g(\boldsymbol{y}) + \boldsymbol{u} \tag{5.12}$$

式中，$\boldsymbol{y} \in \mathbf{R}^n$ 是状态向量，$\boldsymbol{B} \in \mathbf{R}^{n\times n}$ 是常数矩阵；$g(\boldsymbol{y}) \in \mathbf{R}^n$ 是连续可微向量函数；$\boldsymbol{u} \in \mathbf{R}^n$ 为控制律。

以混沌系统式（5.11）作为驱动系统，式（5.12）为响应系统，定义同步误差

$$\boldsymbol{e} = \boldsymbol{y} - \boldsymbol{x} \tag{5.13}$$

本节分析的目的是确定控制律 $\boldsymbol{u}$，使得

$$\lim_{t\to\infty}\|\boldsymbol{e}\| = 0$$

从而实现超混沌系统式（5.11）和式（5.12）的同步。这里 $\|\cdot\|$ 是向量 2-范数。

5.2.2 理论分析

对式（5.13）关于时间 t 求导，结合式（5.11）和式（5.12）得到同步误差状态方程为

$$\begin{aligned}\dot{\boldsymbol{e}} &= \dot{\boldsymbol{y}} - \dot{\boldsymbol{x}} \\ &= \boldsymbol{B}\boldsymbol{y} + g(\boldsymbol{y}) - \boldsymbol{A}\boldsymbol{x} - f(\boldsymbol{x}) + \boldsymbol{u} \\ &= \boldsymbol{B}\boldsymbol{e} + (\boldsymbol{B} - \boldsymbol{A})\boldsymbol{x} + g(\boldsymbol{y}) - f(\boldsymbol{x}) + \boldsymbol{u}\end{aligned}$$

令

$$\boldsymbol{u} = \boldsymbol{v} - (\boldsymbol{B} - \boldsymbol{A})\boldsymbol{x} + f(\boldsymbol{x}) - g(\boldsymbol{y}) \tag{5.14}$$

则

$$\dot{\boldsymbol{e}} = \boldsymbol{B}\boldsymbol{e} + \boldsymbol{v} \tag{5.15}$$

此时式（5.15）是一个线性系统。可以通过设计 $\boldsymbol{v}$ 使其满足 Lyapunov 稳定性条件。不妨设 $\boldsymbol{v} = \boldsymbol{P}\boldsymbol{e}$，将式（5.15）化简为

$$\dot{\boldsymbol{e}} = \boldsymbol{K}\boldsymbol{e} \tag{5.16}$$

的形式，其中 $\boldsymbol{K} = \boldsymbol{B} + \boldsymbol{P}$。于是，只要保证式（5.16）在原点渐近稳定即可实现混沌系统式（5.11）和式（5.12）的同步。矩阵 $\boldsymbol{P}$ 通常被选为常数矩阵，且保证矩阵 $\boldsymbol{K}$ 的特征值均具有负的实部。

5.2.3 数值仿真

超混沌 Rössler 系统与广义 Lorenz 系统是两个具有不同结构的系统。本节以超混沌 Rössler 系统为驱动系统，广义 Lorenz 系统为受控的响应系统，验证控制器式（5.14）的有效性。

超混沌 Rössler 系统为

$$\begin{cases}\dot{x}_1 = -x_2 - x_3 \\ \dot{x}_2 = x_1 + 0.25x_2 + x_4 \\ \dot{x}_3 = 3 + x_1x_3 \\ \dot{x}_4 = -0.5x_3 + 0.05x_4\end{cases} \tag{5.17}$$

受控的广义 Lorenz 系统为

$$\begin{cases}\dot{y}_1 = -y_1 + y_2 + 1.5y_4 + u_1 \\ \dot{y}_2 = 26y_1 - y_2 - y_1y_3 + u_2 \\ \dot{y}_3 = -0.7y_3 + y_1y_2 + u_3 \\ \dot{y}_4 = -y_1 - y_4 + u_4\end{cases} \tag{5.18}$$

首先将超混沌 Rössler 系统式（5.17）和受控的广义 Lorenz 系统式（5.18）依式（5.11）和式（5.12）形式进行分解，得到

$$\boldsymbol{A} = \begin{pmatrix} 0 & -1 & -1 & 0 \\ 1 & 0.25 & 0 & 1 \\ 0 & 0 & 0 & 0 \\ 0 & 0 & -0.5 & 0.05 \end{pmatrix}, \quad f(\boldsymbol{x}) = \begin{pmatrix} 0 \\ 0 \\ 3 + x_1x_3 \\ 0 \end{pmatrix}$$

$$\boldsymbol{B}=\begin{pmatrix}-1 & 1 & 0 & 1.5\\ 26 & -1 & 0 & 0\\ 0 & 0 & -0.7 & 0\\ -1 & 0 & 0 & -1\end{pmatrix},\quad g(\boldsymbol{y})=\begin{pmatrix}0\\ -y_1y_3\\ y_1y_2\\ 0\end{pmatrix}$$

其次，考虑式（5.17）和式（5.18）同步误差状态方程

$$\begin{pmatrix}\dot{e}_1\\ \dot{e}_2\\ \dot{e}_3\\ \dot{e}_4\end{pmatrix}=\begin{pmatrix}-1 & 1 & 0 & 1.5\\ 26 & -1 & 0 & 0\\ 0 & 0 & -0.7 & 0\\ -1 & 0 & 0 & -1\end{pmatrix}\begin{pmatrix}e_1\\ e_2\\ e_3\\ e_4\end{pmatrix}+\boldsymbol{P}\begin{pmatrix}e_1\\ e_2\\ e_3\\ e_4\end{pmatrix} \tag{5.19}$$

取矩阵 $\boldsymbol{P}$ 为

$$\boldsymbol{P}=\begin{pmatrix}0 & -1 & 0 & -1.5\\ -26 & 0 & 0 & 0\\ 0 & 0 & -0.3 & 0\\ 1 & 0 & 0 & 0\end{pmatrix}$$

则

$$\boldsymbol{K}=\boldsymbol{B}+\boldsymbol{P}=\begin{pmatrix}-1 & 0 & 0 & 0\\ 0 & -1 & 0 & 0\\ 0 & 0 & -1 & 0\\ 0 & 0 & 0 & -1\end{pmatrix}$$

显然，矩阵 $\boldsymbol{K}$ 的四个特征值为 $-1,-1,-1,-1$，保证了同步误差状态系统式（5.19）在原点是稳定的。

由式（5.14）得控制律为

$$\begin{cases}u_1=e_2-1.5e_4+x_1-2x_2-x_3-1.5x_4\\ u_2=-26e_1-25x_1+1.25x_2+x_4+y_1y_3\\ u_3=-0.3e_3+0.7x_3-y_1y_2+x_1x_3+3\\ u_4=e_1+x_1-0.5x_3+1.05x_4\end{cases}$$

由式（5.19）得式（5.17）和式（5.18）同步误差方程为

$$\begin{cases}\dot{e}_1=-e_1\\ \dot{e}_2=-e_2\\ \dot{e}_3=-e_3\\ \dot{e}_4=-e_4\end{cases}$$

以驱动系统的初值 $\boldsymbol{x}_0=(-1,2,-3,4)^{\mathrm{T}}$、响应系统的初值 $\boldsymbol{y}_0=(1,3,0,5)^{\mathrm{T}}$、同步误

差系统的初值 $\boldsymbol{e}_0=(2,1,3,)^{\mathrm{T}}$ 进行数值仿真。图 5.7 是同步误差 e_1,e_2,e_3,e_4 的变化情况，容易看到同步误差收敛到零，实现了超混沌 Rössler 系统式（5.17）和受控的广义 Lorenz 系统式（5.18）的同步，验证了本节提出的控制方法是正确的。

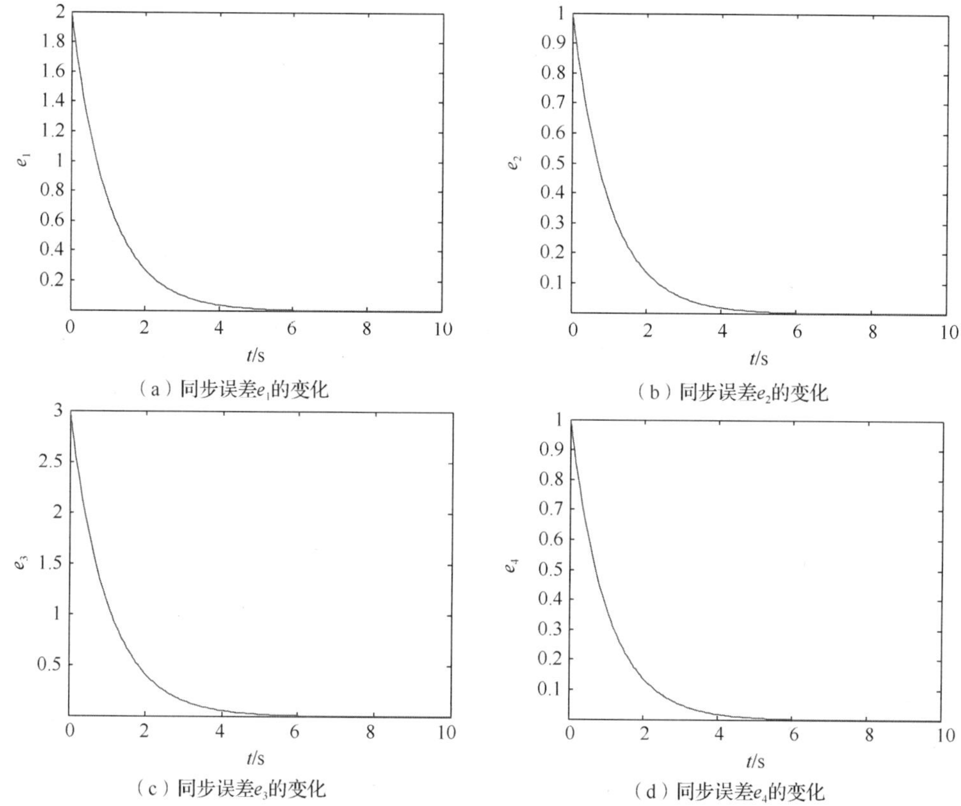

（a）同步误差 e_1 的变化　（b）同步误差 e_2 的变化

（c）同步误差 e_3 的变化　（d）同步误差 e_4 的变化

图 5.7　同步误差 e_1,e_2,e_3,e_4 的变化图

第6章

参数不确定混沌系统的同步

对于混沌系统，人们已经提出了多种方法来实现其混沌同步，如非线性控制方法等。大多数的研究是基于混沌系统的所有参数都是已知的定常数。然而，在实际的工程系统中，许多外界因素如环境温度、电压波动、元件的相互干扰等都会引起系统参数的变化。因此，研究具有不确定参数的混沌系统的同步具有很重要的工程应用意义。

本章研究混沌系统的自适应同步问题。首先研究参数不确定的同结构混沌系统的同步问题；然后研究参数不确定的异结构混沌系统同步问题，分别给出同步的充分条件，设计自适应同步控制器及参数自适应律的解析式；最后理论分析和数值仿真结果证实了该方法的有效性。

6.1 参数不确定同结构混沌系统的混合同步

6.1.1 问题描述

考虑混沌系统

$$\dot{\boldsymbol{x}} = f(\boldsymbol{x}) + F(\boldsymbol{x})\boldsymbol{\alpha} \tag{6.1}$$

式中，$\boldsymbol{x} = (x_1, x_2, \cdots, x_n)^{\mathrm{T}} \in \mathbf{R}^n$ 是系统的状态向量；$\boldsymbol{\alpha} = (\alpha_1, \alpha_2, \cdots, \alpha_n)^{\mathrm{T}} \in \mathbf{R}^n$ 为系统

参数的常数向量；$f(\cdot)$ 是 n 维向量函数；$F(\cdot)$ 是 $n\times n$ 实矩阵。混沌 Rössler 系统、混沌 Lorenz 系统、混沌 Lü 系统等都属于式（6.1）所描述的系统。

设驱动系统为式（6.1），响应系统为

$$\dot{\boldsymbol{y}} = f(\boldsymbol{y}) + F(\boldsymbol{y})\hat{\boldsymbol{\alpha}} + \boldsymbol{u} \tag{6.2}$$

式中，$\boldsymbol{y} = (y_1, y_2, \cdots, y_n)^{\mathrm{T}} \in \mathbf{R}^n$ 是系统的状态向量；$\hat{\boldsymbol{\alpha}} = (\hat{\alpha}_1, \hat{\alpha}_2, \cdots, \hat{\alpha}_n)^{\mathrm{T}} \in \mathbf{R}^n$ 是依赖时间 t 的可微函数向量；$\boldsymbol{u}$ 是控制律。

设 $\boldsymbol{M} = \mathrm{diag}\{m_1, m_2, \cdots, m_n\} \in \mathbf{R}^{n\times n}$ 是一个非零常数矩阵，令混沌系统式（6.1）和式（6.2）的混合同步误差为

$$\boldsymbol{e} = \boldsymbol{y} - \boldsymbol{M}\boldsymbol{x}$$

即 $\boldsymbol{e} = (e_1, e_2, \cdots, e_n)^{\mathrm{T}} = (y_1 - m_1 x_1, y_2 - m_2 x_2, \cdots, y_n - m_n x_n)^{\mathrm{T}}$，则混合同步状态误差方程为

$$\dot{\boldsymbol{e}} = f(\boldsymbol{y}) + F(\boldsymbol{y})\hat{\boldsymbol{\alpha}} - \boldsymbol{M}f(x) - \boldsymbol{M}F(\boldsymbol{x})\boldsymbol{\alpha} + \boldsymbol{u} \tag{6.3}$$

本节分析的目的是确定控制律 $\boldsymbol{u}$，使得

$$\lim_{t\to\infty}\|\boldsymbol{e}\| = 0$$

及未知参数 α 的估计 $\hat{\alpha}$，满足

$$\lim_{t\to\infty}\|\hat{\boldsymbol{\alpha}} - \boldsymbol{\alpha}\| = 0$$

式中，$\|\cdot\|$ 是向量 2-范数，从而实现超混沌系统式（6.1）和式（6.2）的混合同步。

6.1.2 理论分析

对动态系统式（6.3），考虑一个等同系统

$$\dot{\boldsymbol{e}} = -r\boldsymbol{e} + \boldsymbol{M}F(\boldsymbol{x})(\hat{\boldsymbol{\alpha}} - \boldsymbol{\alpha})$$

则有

$$f(\boldsymbol{y}) + F(\boldsymbol{y})\hat{\boldsymbol{\alpha}} - \boldsymbol{M}f(\boldsymbol{x}) - \boldsymbol{M}F(\boldsymbol{x})\boldsymbol{\alpha} + \boldsymbol{u} = -r\boldsymbol{e} + \boldsymbol{M}F(\boldsymbol{x})(\hat{\boldsymbol{\alpha}} - \boldsymbol{\alpha})$$

即

$$\boldsymbol{u} = -r\boldsymbol{e} + \boldsymbol{M}f(\boldsymbol{x}) - f(\boldsymbol{y}) + [\boldsymbol{M}F(\boldsymbol{x}) - F(\boldsymbol{y})]\hat{\boldsymbol{\alpha}}$$

从而有如下结论。

定理 6.1　设 r 是正实数，$\boldsymbol{P}$、$\boldsymbol{R}$ 都是 $n\times n$ 阶正定矩阵，选取控制律

$$\boldsymbol{u} = -r\boldsymbol{e} + \boldsymbol{M}f(\boldsymbol{x}) - f(\boldsymbol{y}) + [\boldsymbol{M}F(\boldsymbol{x}) - F(\boldsymbol{y})]\hat{\boldsymbol{\alpha}} \tag{6.4}$$

$$\dot{\hat{\boldsymbol{\alpha}}} = -\boldsymbol{R}^{-1}F^{\mathrm{T}}(\boldsymbol{x})\boldsymbol{M}\boldsymbol{P}\boldsymbol{e} \tag{6.5}$$

则驱动系统式（6.1）与响应系统式（6.2）混合同步。

证明 将式（6.4）代入式（6.3）得

$$\dot{\boldsymbol{e}} = -r\boldsymbol{e} + \boldsymbol{M}F(\boldsymbol{x})(\hat{\boldsymbol{\alpha}} - \boldsymbol{\alpha}) \tag{6.6}$$

选择 Lyapunov 函数为 $V = \frac{1}{2}\boldsymbol{e}^{\mathrm{T}}\boldsymbol{P}\boldsymbol{e} + \frac{1}{2}(\hat{\boldsymbol{\alpha}} - \boldsymbol{\alpha})^{\mathrm{T}}\boldsymbol{R}(\hat{\boldsymbol{\alpha}} - \boldsymbol{\alpha})$，则 V 沿式（6.6）的导数为

$$\begin{aligned}\dot{V} &= \boldsymbol{e}^{\mathrm{T}}\boldsymbol{P}\dot{\boldsymbol{e}} + \dot{\hat{\boldsymbol{\alpha}}}^{\mathrm{T}}\boldsymbol{R}(\hat{\boldsymbol{\alpha}} - \boldsymbol{\alpha}) \\ &= \boldsymbol{e}^{\mathrm{T}}\boldsymbol{P}[-r\boldsymbol{e} + \boldsymbol{M}F(\boldsymbol{x})(\hat{\boldsymbol{\alpha}} - \boldsymbol{\alpha})] + \dot{\hat{\boldsymbol{\alpha}}}^{\mathrm{T}}\boldsymbol{R}(\hat{\boldsymbol{\alpha}} - \boldsymbol{\alpha}) \\ &= -r\boldsymbol{e}^{\mathrm{T}}\boldsymbol{P}\boldsymbol{e} + \boldsymbol{e}^{\mathrm{T}}\boldsymbol{P}\boldsymbol{M}F(\boldsymbol{x})(\hat{\boldsymbol{\alpha}} - \boldsymbol{\alpha}) + \dot{\hat{\boldsymbol{\alpha}}}^{\mathrm{T}}\boldsymbol{R}(\hat{\boldsymbol{\alpha}} - \boldsymbol{\alpha}) \\ &= -r\boldsymbol{e}^{\mathrm{T}}\boldsymbol{P}\boldsymbol{e} \leqslant 0\end{aligned}$$

显然，$\dot{V} = 0$ 的充要条件是 $\boldsymbol{e} = (e_1, e_2, \cdots, e_n)^{\mathrm{T}} = 0$。定义集合

$$E = \left\{(\boldsymbol{e}, \hat{\boldsymbol{\alpha}}) \in \mathbf{R}^{2n} \middle| e(t) = 0, \hat{\boldsymbol{\alpha}} = \boldsymbol{\alpha}\right\}$$

易知，E 是集合 $M = \left\{(\boldsymbol{e}, \hat{\boldsymbol{\alpha}}) \middle| \dot{V} = 0\right\}$ 所包含的最大不变集。由 La Salle 不变集原理[138]可得出

$$\lim_{t\to\infty}\|\boldsymbol{e}\| = 0$$

及对给定的 $\varepsilon > 0$，有

$$\|\hat{\boldsymbol{\alpha}} - \boldsymbol{\alpha}\| \leqslant \varepsilon$$

所以驱动系统式（6.1）与响应系统式（6.2）混合同步。定理证毕。

6.1.3 数值仿真

超混沌 Lü 系统为

$$\begin{cases}\dot{x}_1 = a(x_2 - x_1) + x_4 \\ \dot{x}_2 = -x_1x_3 + cx_2 \\ \dot{x}_3 = x_1x_2 - bx_3 \\ \dot{x}_4 = x_1x_3 + dx_4\end{cases} \tag{6.7}$$

式中，x_1, x_2, x_3, x_4 是状态向量；a, b, c, d 是实常数。当 $a = 36, b = 3, c = 20$，$-0.35 < d \leqslant 1.3$ 时，有超混沌吸引子。取 $a = 36, b = 3, c = 20$，$d = 1$ 时超混沌 Lü 系统的超混沌吸引子如图 6.1 所示。

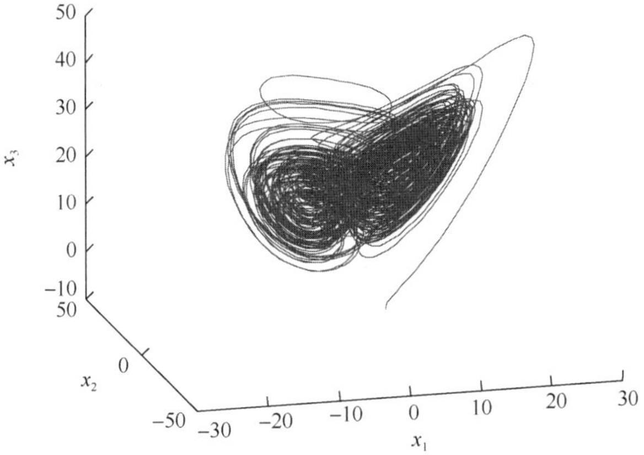

（a）状态变量x_1, x_2, x_3

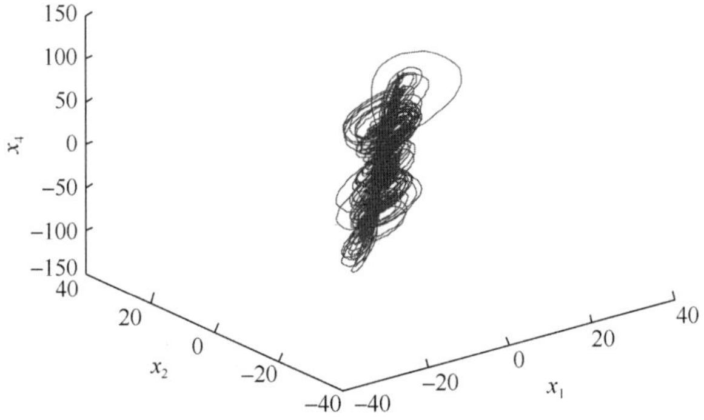

（b）状态变量x_1, x_2, x_4

图 6.1　超混沌 Lü 系统的超混沌吸引子

以式（6.7）作为驱动系统，按式（6.1）把式（6.7）变为

$$\dot{\boldsymbol{x}} = f(\boldsymbol{x}) + F(\boldsymbol{x})\boldsymbol{\alpha} \tag{6.8}$$

式中，

$$f(\boldsymbol{x}) = \begin{pmatrix} x_4 \\ -x_1x_3 \\ x_1x_2 \\ x_1x_3 \end{pmatrix},\quad F(\boldsymbol{x}) = \begin{pmatrix} x_2 - x_1 & 0 & 0 & 0 \\ 0 & 0 & x_2 & 0 \\ 0 & -x_3 & 0 & 0 \\ 0 & 0 & 0 & x_4 \end{pmatrix},\quad \boldsymbol{\alpha} = (a,b,c,d)^{\mathrm{T}}$$

响应系统为

$$\dot{\boldsymbol{y}} = f(\boldsymbol{y}) + F(\boldsymbol{y})\hat{\boldsymbol{\alpha}} + \boldsymbol{u} \tag{6.9}$$

式中，

$$f(\boldsymbol{y})=\begin{pmatrix} y_4 \\ -y_1y_3 \\ y_1y_2 \\ y_1y_3 \end{pmatrix},\quad F(\boldsymbol{y})=\begin{pmatrix} y_2-y_1 & 0 & 0 & 0 \\ 0 & 0 & y_2 & 0 \\ 0 & -y_3 & 0 & 0 \\ 0 & 0 & 0 & y_4 \end{pmatrix},\quad \hat{\boldsymbol{\alpha}}=(a_1,b_1,c_1,d_1)^{\mathrm{T}}$$

a_1,b_1,c_1,d_1 都是可微函数。

取 $\boldsymbol{M}=\mathrm{diag}\{1,-1,1,-1\}$，即要求状态变量 x_1 与 y_1 同步，状态变量 x_3 与 y_3 同步，状态变量 x_2 与 y_2 反同步，状态变量 x_4 与 y_4 反同步。

由式（6.3）得驱动系统式（6.8）与响应系统式（6.9）混合同步误差的动态方程为

$$\begin{cases} \dot{e}_1=-re_1+(a_1-a)(x_2-x_1) \\ \dot{e}_2=-re_2-(c_1-c)x_2 \\ \dot{e}_3=-re_3-(b_1-b)x_3 \\ \dot{e}_4=-re_4-(d_1-d)x_4 \end{cases} \tag{6.10}$$

由式（6.4）得驱动系统式（6.8）与响应系统式（6.9）混合同步的控制律为

$$\begin{cases} u_1=-re_1+x_4-y_4+a_1(x_2-x_1-y_2+y_1) \\ u_2=-re_2+x_1x_3+y_1y_3+c_1(-x_2-y_2) \\ u_3=-re_3+x_1x_2-y_1y_2+b_1(-x_3+y_3) \\ u_4=-re_4-x_1x_3-y_1y_3+d_1(-x_4-y_4) \end{cases}$$

取 $\boldsymbol{P}=\mathrm{diag}\{k_1,k_2,k_3,k_4\}$，$\boldsymbol{R}$ 为 4 阶单位矩阵，由式（6.5）得参数 a_1,b_1,c_1,d_1 的自适应律为

$$\begin{cases} \dot{a}_1=-k_1(x_2-x_1)e_1 \\ \dot{b}_1=k_3x_3e_3 \\ \dot{c}_1=k_2x_2e_2 \\ \dot{d}_1=k_4x_4e_4 \end{cases}$$

在驱动系统初始条件 $x(0)=(5,5,-5,8)^{\mathrm{T}}$，响应系统初始条件 $y(0)=(0,-10,35,20)^{\mathrm{T}}$，$r=9$，$k_1=1,k_2=2,k_3=3,k_4=4$ 做仿真实验。图 6.2 是驱动系统与响应系统状态变化轨迹，图 6.3 是驱动系统式（6.8）与响应系统式（6.9）的混合同步误差曲线，图 6.4 是 Lü 系统未知参数 a,b,c,d 的估计曲线。从仿真结果可以看出，本节设计的控制律实现了驱动系统式（6.8）与响应系统式（6.9）状态变量 x_1 与 y_1 同步，状态变量 x_3 与 y_3 同步，状态变量 x_2 与 y_2 反同步，状态变量 x_4 与 y_4 反同步。

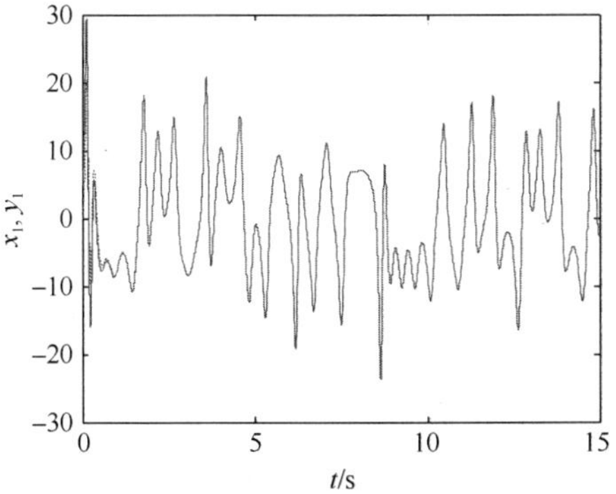

（a）状态变量x_1与 y_1

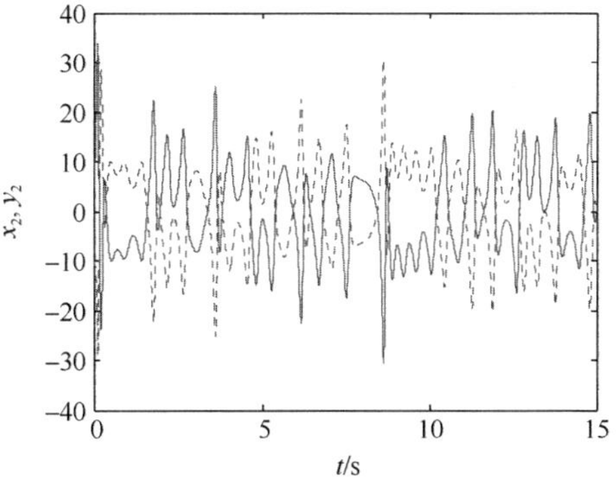

（b）状态变量x_2与 y_2

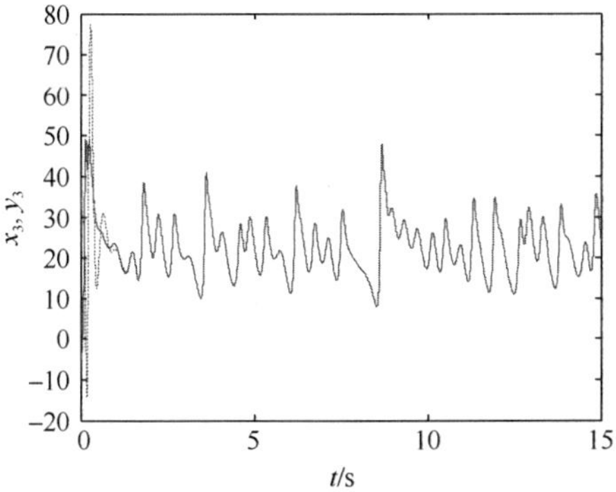

（c）状态变量x_3与 y_3

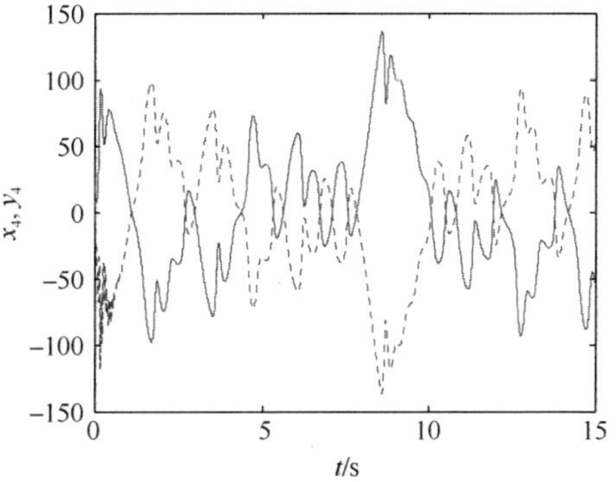

（d）状态变量x_4与 y_4

图 6.2　驱动系统与响应系统状态变化轨迹

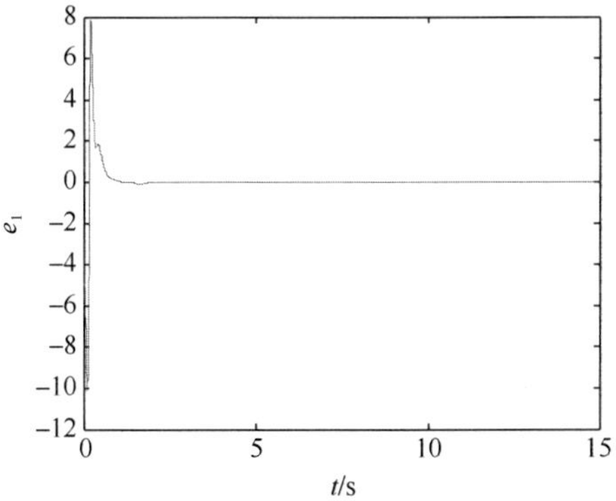

（a）误差e_1的变化曲线

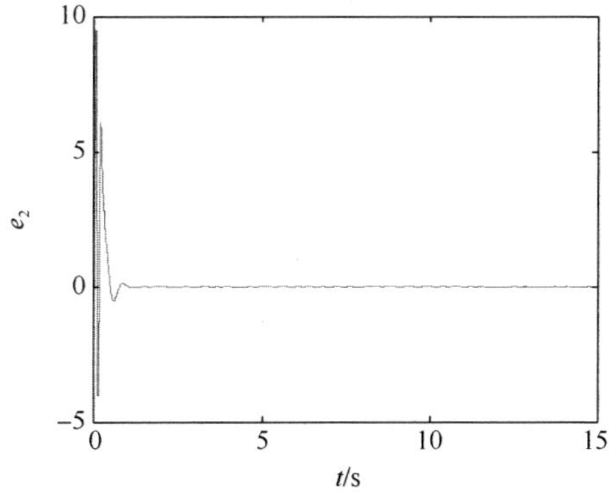

（b）误差e_2的变化曲线

图 6.3　驱动-响应系统的混合同步误差曲线

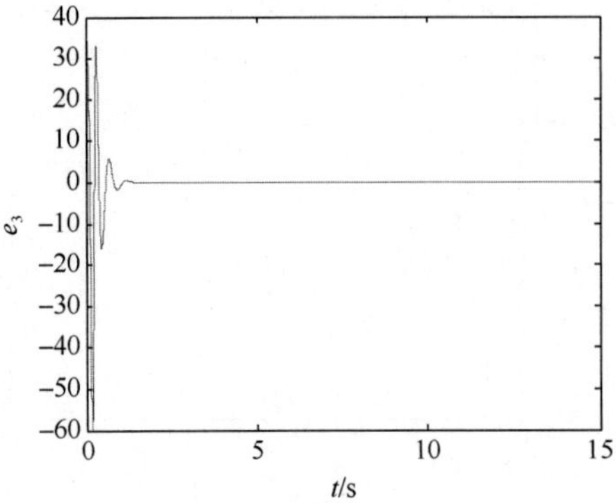

（c）误差e_3的变化曲线

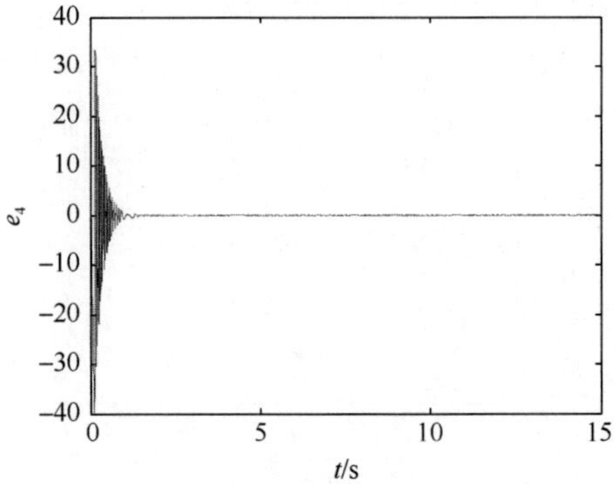

（d）误差e_4的变化曲线

图 6.3（续）

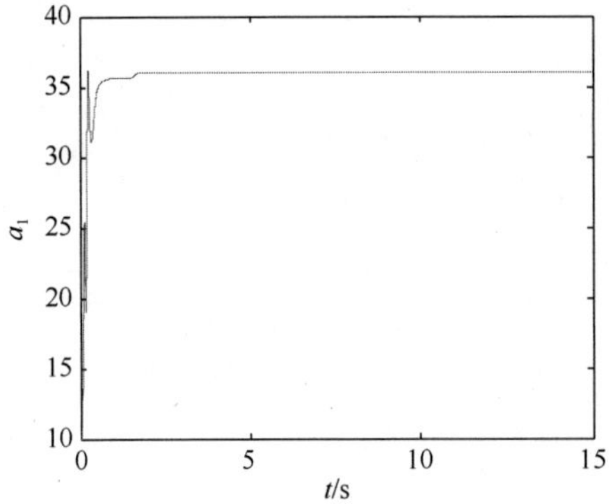

（a）参数a的估计曲线

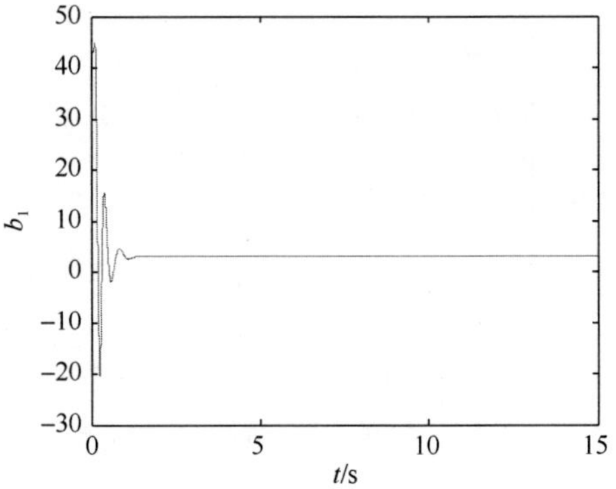

（b）参数b的估计曲线

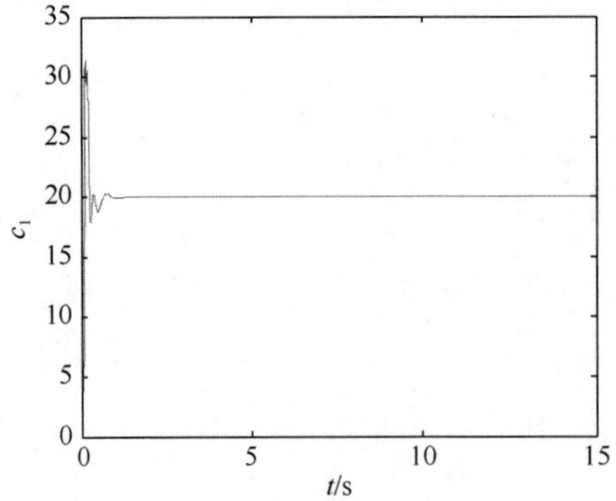

（c）参数c的估计曲线

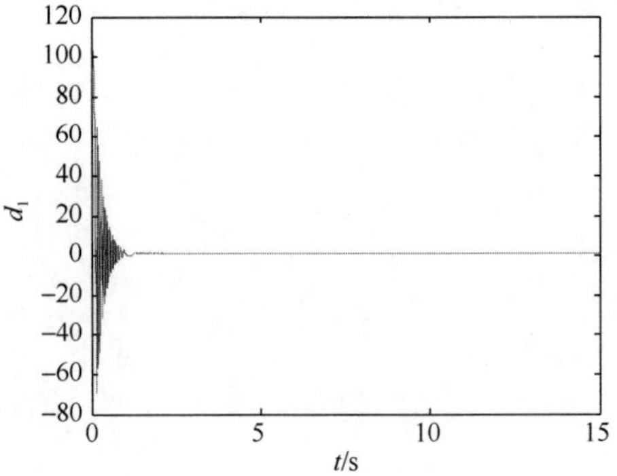

（d）参数d的估计曲线

图 6.4　Lü 系统未知参数 a,b,c,d 的估计曲线

6.2　参数不确定异结构混沌系统的同步

在对混沌同步的研究中，研究驱动系统与响应系统结构相同的情形比较多。对不同结构混沌系统同步的研究比较少，尤其对参数未知的不同结构混沌系统同步的研究更少。然而在实际应用中，如在保密通信时，驱动系统与响应系统的结构有可能是不相同的，而且随着环境的改变，系统的参数也可能会发生变化。因此对参数未知的不同结构混沌系统的同步问题的研究，不仅具有重要的理论意义，也有重要的应用价值。

由于 6.1 节讨论不同结构混沌系统的同步问题时，所设计的同步控制器中包含系统的参数，所以当系统的参数值是未知的，6.1 节的方法不再适用。本节研究参数未知的不同结构混沌系统的同步问题，给出一个设计自适应同步控制器的通用方法。

6.2.1　问题描述

设驱动系统为

$$\dot{\boldsymbol{x}}=f(\boldsymbol{x})+F(\boldsymbol{x})\boldsymbol{\alpha} \tag{6.11}$$

式中，$\boldsymbol{x}=(x_1,x_2,\cdots,x_n)^{\mathrm{T}}\in\mathbf{R}^n$ 是系统的状态向量；$\boldsymbol{\alpha}=(\alpha_1,\alpha_2,\cdots,\alpha_m)^{\mathrm{T}}\in\mathbf{R}^m$ 是系统的未知参数向量；$f(\cdot)$ 是 n 维向量函数；$F(\cdot)$ 是 $n\times m$ 实矩阵。响应系统为

$$\dot{\boldsymbol{y}}=g(\boldsymbol{y})+G(\boldsymbol{y})\boldsymbol{\beta}+\boldsymbol{u} \tag{6.12}$$

式中，$\boldsymbol{y}=(y_1,y_2,\cdots,y_n)^{\mathrm{T}}\in\mathbf{R}^n$ 是系统的状态向量；$\boldsymbol{\beta}=(\beta_1,\beta_2,\cdots,\beta_s)^{\mathrm{T}}\in\mathbf{R}^s$ 是系统的未知参数向量；$g(\cdot)$ 是 n 维向量函数；$G(\cdot)$ 是 $n\times s$ 实矩阵；$\boldsymbol{u}\in\mathbf{R}^n$ 是控制律。

令 $\boldsymbol{e}=\boldsymbol{y}-\boldsymbol{x}$，即

$$\boldsymbol{e}=(e_1,e_2,\cdots,e_n)^{\mathrm{T}}=(y_1-x_1,y_2-x_2,\cdots,y_n-x_n)^{\mathrm{T}}$$

则同步状态误差状态方程为

$$\dot{\boldsymbol{e}}=-f(\boldsymbol{x})+g(\boldsymbol{y})-F(\boldsymbol{x})\boldsymbol{\alpha}+G(\boldsymbol{y})\boldsymbol{\beta}+\boldsymbol{u} \tag{6.13}$$

本节分析的目的是确定控制律 $\boldsymbol{u}$，使得

$$\lim_{t\to\infty}\|\boldsymbol{e}\|=0$$

及未知参数 $\boldsymbol{\alpha},\boldsymbol{\beta}$ 的估计 $\hat{\boldsymbol{\alpha}},\hat{\boldsymbol{\beta}}$，满足

$$\lim_{t\to\infty}\|\hat{\boldsymbol{\alpha}}-\boldsymbol{\alpha}\|=0，\quad \lim_{t\to\infty}\|\hat{\boldsymbol{\beta}}-\boldsymbol{\beta}\|=0$$

式中，$\|\cdot\|$是向量 2-范数。从而实现超混沌系统式（6.11）和式（6.12）的同步。

6.2.2 理论分析

定理 6.2 设k是正实数，$\boldsymbol{P}$是$n\times n$阶正定矩阵，$\boldsymbol{R}_1$是$m\times m$阶正定矩阵，$\boldsymbol{R}_2$是$s\times s$阶正定矩阵，令

$$\boldsymbol{u}=-k\boldsymbol{e}+f(\boldsymbol{x})-g(\boldsymbol{y})+F(\boldsymbol{x})\hat{\boldsymbol{\alpha}}-G(\boldsymbol{y})\hat{\boldsymbol{\beta}} \tag{6.14}$$

$$\dot{\hat{\boldsymbol{\alpha}}}=-r_1\boldsymbol{R}_1^{-1}(F(\boldsymbol{x}))^{\mathrm{T}}\boldsymbol{Pe} \tag{6.15}$$

$$\dot{\hat{\boldsymbol{\beta}}}=r_2\boldsymbol{R}_2^{-1}(G(\boldsymbol{y}))^{\mathrm{T}}\boldsymbol{Pe} \tag{6.16}$$

则有

$$\lim_{t\to\infty}\|\boldsymbol{e}\|=0$$

$$\lim_{t\to\infty}\|\hat{\boldsymbol{\alpha}}-\boldsymbol{\alpha}\|=0，\quad \lim_{t\to\infty}\|\hat{\boldsymbol{\beta}}-\boldsymbol{\beta}\|=0$$

证明 将式（6.14）代入式（6.13），得

$$\dot{\boldsymbol{e}}=-k\boldsymbol{e}+F(\boldsymbol{x})(\hat{\boldsymbol{\alpha}}-\boldsymbol{\alpha})-G(\boldsymbol{y})(\hat{\boldsymbol{\beta}}-\boldsymbol{\beta}) \tag{6.17}$$

选择 Lyapunov 函数为

$$V=\frac{1}{2}\boldsymbol{e}^{\mathrm{T}}\boldsymbol{Pe}+\frac{1}{2r_1}(\hat{\boldsymbol{\alpha}}-\boldsymbol{\alpha})^{\mathrm{T}}\boldsymbol{R}_1(\hat{\boldsymbol{\alpha}}-\boldsymbol{\alpha})+\frac{1}{2r_2}(\hat{\boldsymbol{\beta}}-\boldsymbol{\beta})^{\mathrm{T}}\boldsymbol{R}_2(\hat{\boldsymbol{\beta}}-\boldsymbol{\beta})$$

则V沿式（6.15）～式（6.17）导数为

$$\begin{aligned}\dot{V}&=\boldsymbol{e}^{\mathrm{T}}\boldsymbol{P}\dot{\boldsymbol{e}}+\frac{1}{r_1}\dot{\hat{\boldsymbol{\alpha}}}^{\mathrm{T}}\boldsymbol{R}_1(\hat{\boldsymbol{\alpha}}-\boldsymbol{\alpha})+\frac{1}{r_2}\dot{\hat{\boldsymbol{\beta}}}^{\mathrm{T}}\boldsymbol{R}_2(\hat{\boldsymbol{\beta}}-\boldsymbol{\beta})\\&=\boldsymbol{e}^{\mathrm{T}}\boldsymbol{P}(-k\boldsymbol{e}+F(\boldsymbol{x})(\hat{\boldsymbol{\alpha}}-\boldsymbol{\alpha})-G(\boldsymbol{y})(\hat{\boldsymbol{\beta}}-\boldsymbol{\beta}))+\frac{1}{r_1}\dot{\hat{\boldsymbol{\alpha}}}^{\mathrm{T}}\boldsymbol{R}_1(\hat{\boldsymbol{\alpha}}-\boldsymbol{\alpha})+\frac{1}{r_2}\dot{\hat{\boldsymbol{\beta}}}^{\mathrm{T}}\boldsymbol{R}_2(\hat{\boldsymbol{\beta}}-\boldsymbol{\beta})\\&=-k\boldsymbol{e}^{\mathrm{T}}\boldsymbol{Pe}\leqslant 0\end{aligned}$$

根据 Lyapunov 稳定性理论可得

$$\lim_{t\to\infty}\|\boldsymbol{e}\|=0$$

及

$$\lim_{t\to\infty}\|\hat{\boldsymbol{\alpha}}-\boldsymbol{\alpha}\|=0，\quad \lim_{t\to\infty}\|\hat{\boldsymbol{\beta}}-\boldsymbol{\beta}\|=0$$

定理证毕。

由定理 6.2 可以看出，在控制律式（6.14）及参数$\boldsymbol{\alpha},\boldsymbol{\beta}$的更新律式（6.15）和式（6.16）共同作用下，驱动系统式（6.11）与响应系统式（6.12）同步。

6.2.3 数值仿真

下面以超混沌 Chen 系统为驱动系统，超混沌 Lü 系统为响应系统为例验证本节提出方法的有效性。设超混沌 Chen 系统为

$$\begin{cases}\dot{x}_1 = a_1(x_2 - x_1) + x_4 \\ \dot{x}_2 = d_1 x_1 - x_1 x_3 + c_1 x_2 \\ \dot{x}_3 = x_1 x_2 - b_1 x_3 \\ \dot{x}_4 = x_2 x_3 + r_1 x_4\end{cases} \tag{6.18}$$

式中，x_1, x_2, x_3, x_4 是状态变量；a_1, b_1, c_1, d_1, r_1 是实常数。当 $a_1 = 35, b_1 = 3, c_1 = 12$，$d_1 = 7, 0.085 \leqslant r_1 \leqslant 0.798$ 时有超混沌吸引子。取 $a_1 = 35, b_1 = 3, c_1 = 12$，$d_1 = 7, r_1 = 0.6$。对驱动系统式（6.17）按式（6.11）可取

$$f(\boldsymbol{x}) = \begin{pmatrix} x_4 \\ -x_1 x_3 \\ x_1 x_2 \\ x_2 x_3 \end{pmatrix}，\quad F(\boldsymbol{x}) = \begin{pmatrix} x_2 - x_1 & 0 & 0 & 0 & 0 \\ 0 & 0 & x_2 & x_1 & 0 \\ 0 & -x_3 & 0 & 0 & 0 \\ 0 & 0 & 0 & 0 & x_4 \end{pmatrix}，\quad \boldsymbol{\alpha} = (a_1, b_1, c_1, d_1, r_1)^{\mathrm{T}}$$

设超混沌 Lü 系统为

$$\begin{cases}\dot{y}_1 = a(y_2 - y_1) + y_4 \\ \dot{y}_2 = -y_1 y_3 + c y_2 \\ \dot{y}_3 = y_1 y_2 - b y_3 \\ \dot{y}_4 = y_1 y_3 + d y_4\end{cases} \tag{6.19}$$

式中，y_1, y_2, y_3, y_4 是状态变量；a, b, c, d 是实常数。当 $a = 36, b = 3, c = 20$，$-0.35 < d \leqslant 1.3$ 时有超混沌吸引子。取 $a = 36, b = 3, c = 20$，$d = 1$。对式（6.19）按式（6.11）可取

$$g(\boldsymbol{y}) = \begin{pmatrix} y_4 \\ -y_1 y_3 \\ y_1 y_2 \\ y_1 y_3 \end{pmatrix}，\quad G(\boldsymbol{y}) = \begin{pmatrix} y_2 - y_1 & 0 & 0 & 0 \\ 0 & 0 & y_2 & 0 \\ 0 & -y_3 & 0 & 0 \\ 0 & 0 & 0 & y_4 \end{pmatrix}，\quad \boldsymbol{\beta} = (a, b, c, d)^{\mathrm{T}}$$

设驱动系统为

$$\begin{cases}\dot{x}_1 = \hat{a}_1(x_2 - x_1) + x_4 \\ \dot{x}_2 = \hat{d}_1 x_1 - x_1 x_3 + \hat{c}_1 x_2 \\ \dot{x}_3 = x_1 x_2 - \hat{b}_1 x_3 \\ \dot{x}_4 = x_2 x_3 + \hat{r}_1 x_4\end{cases}$$

式中，设向量$\hat{\boldsymbol{\alpha}}=(\hat{a}_1,\hat{b}_1,\hat{c}_1,\hat{d}_1,\hat{r}_1)^{\mathrm{T}}$是参数向量$\boldsymbol{\alpha}=(35,3,12,7,0.6)^{\mathrm{T}}$的估计，$\hat{a}_1,\hat{b}_1,\hat{c}_1,\hat{d}_1,\hat{r}_1$都是可微函数。

设响应系统为

$$\begin{cases}\dot{y}_1=\hat{a}(y_2-y_1)+y_4+u_1\\ \dot{y}_2=-y_1y_3+\hat{c}y_2+u_2\\ \dot{y}_3=y_1y_2-\hat{b}y_3+u_3\\ \dot{y}_4=y_1y_3+\hat{d}y_4+u_4\end{cases}$$

式中，向量$\hat{\boldsymbol{\beta}}=(\hat{a},\hat{b},\hat{c},\hat{d})^{\mathrm{T}}$是参数向量$\boldsymbol{\beta}=(36,3,20,1)^{\mathrm{T}}$的估计；$\hat{a},\hat{b},\hat{c},\hat{d}$都是可微函数；$u_1,u_2,u_3,u_4$为控制律。

取$\boldsymbol{P}$、$\boldsymbol{R}_2$都是4×4阶单位矩阵，$\boldsymbol{R}_1$是5×5阶单位矩阵，依据式（6.14）可得同步控制的控制律$\boldsymbol{u}$为

$$\begin{cases}u_1=-ke_1+x_4+(x_2-x_1)\hat{a}_1-y_4-(y_2-y_1)\hat{a}\\ u_2=-ke_2-x_1x_3+x_2\hat{c}_1+x_1\hat{d}_1+y_1y_3-y_2\hat{c}\\ u_3=-ke_3+x_1x_2-x_3\hat{b}_1-y_1y_2+y_3\hat{b}\\ u_4=-ke_4+x_2x_3+x_4\hat{r}_1-y_1y_3-y_4\hat{d}\end{cases}$$

依据式（6.17）可得同步误差$\boldsymbol{e}$的动态方程为

$$\begin{cases}\dot{e}_1=-ke_1+(x_2-x_1)(\hat{a}_1-35)-(y_2-y_1)(\hat{a}-36)\\ \dot{e}_2=-ke_2+x_2(\hat{c}_1-12)+x_1(\hat{d}_1-7)-y_2(\hat{c}-20)\\ \dot{e}_3=-ke_3-x_3(\hat{b}_1-3)+y_3(\hat{b}-3)\\ \dot{e}_4=-ke_4+x_4(\hat{r}_1-0.6)-y_4(\hat{d}-1)\end{cases}$$

依据式（6.15）可得参数$\hat{\boldsymbol{\alpha}}$的自适应更新律为

$$\begin{cases}\dot{\hat{a}}_1=-(x_2-x_1)e_1\\ \dot{\hat{b}}_1=x_3e_3\\ \dot{\hat{c}}_1=-x_2e_2\\ \dot{\hat{d}}_1=-x_1e_2\\ \dot{\hat{r}}_1=-x_4e_4\end{cases}$$

依据式（6.16）可得参数$\hat{\boldsymbol{\beta}}$的自适应更新律为

$$\begin{cases}\dot{\hat{a}}=(y_2-y_1)e_1\\ \dot{\hat{b}}=-y_3e_3\\ \dot{\hat{c}}=y_2e_2\\ \dot{\hat{d}}=y_4e_4\end{cases}$$

选取 $k=8$ 、驱动系统的初值 $\boldsymbol{x}(0)=(5,8,-1,-3)^{\mathrm{T}}$ 、响应系统的初值 $\boldsymbol{y}(0)=(3,4,5,5)^{\mathrm{T}}$ 、同步误差系统的初值 $\boldsymbol{e}(0)=(-2,-4,6,8)^{\mathrm{T}}$ 、参数 $\hat{\boldsymbol{\alpha}}$ 更新方程的初值 $\hat{\boldsymbol{\alpha}}(0)=(10,10,10,10,10)^{\mathrm{T}}$ 、参数 $\hat{\boldsymbol{\beta}}$ 更新方程的初值 $\hat{\boldsymbol{\beta}}(0)=(5,5,5,5)^{\mathrm{T}}$ 时，进行数值仿真。图 6.5 是同步误差 e_1,e_2,e_3,e_4 的变化曲线，容易看到同步误差收敛到零。图 6.6 是对驱动系统 Chen 系统未知参数的估计曲线。图 6.7 是对响应系统 Lü 系统未知参数的估计曲线。

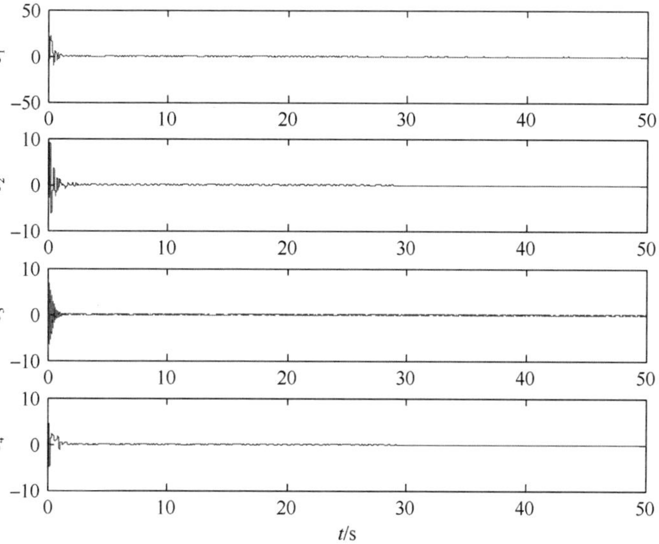

图 6.5　同步误差 e_1,e_2,e_3,e_4 变化曲线

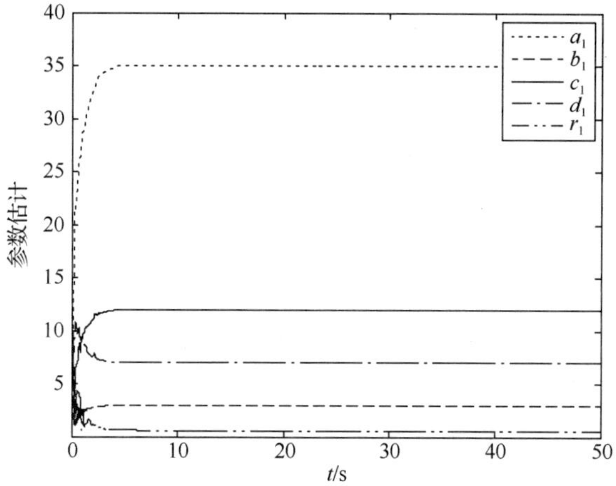

图 6.6　Chen 系统未知参数 a_1,b_1,c_1,d_1,r_1 的估计曲线

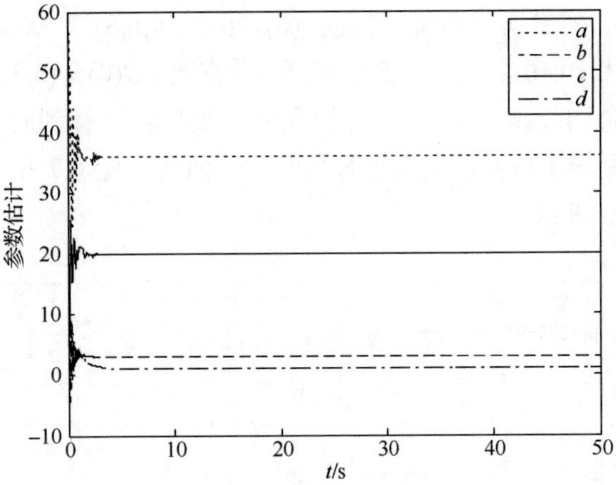

图 6.7 Lü 系统未知参数 a,b,c,d 的估计曲线

第 7 章 复杂网络的同步

自然界中存在着大量复杂网络，如万维网、互联网、无线通信网络、电力网络、商业网络、科技文献索引系统、生物神经网络、新陈代谢网络、全球交通运输网络、社会关系网等[139,140]。图 7.1 和图 7.2 是一些典型的复杂网络图[141]。

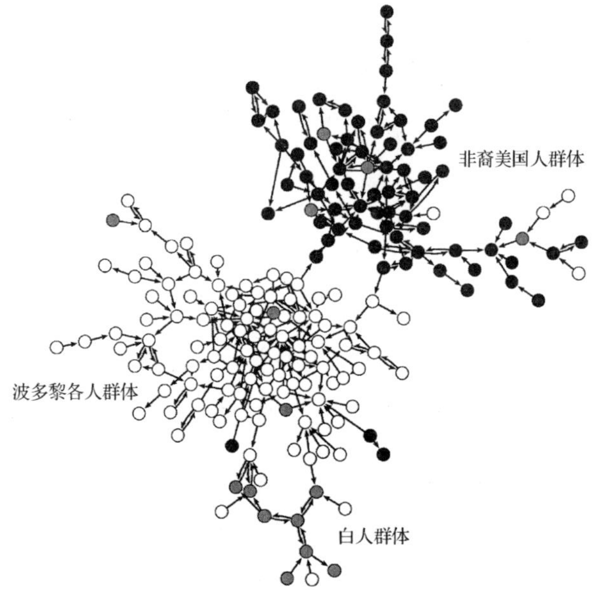

图 7.1　毒品使用者网络

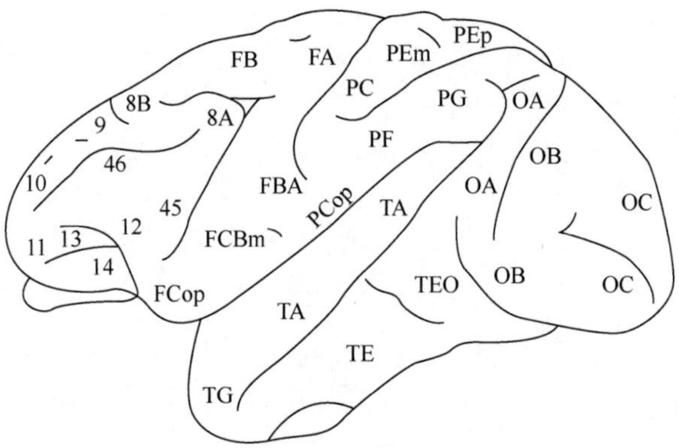

（a）短尾猿大脑皮层的侧面图

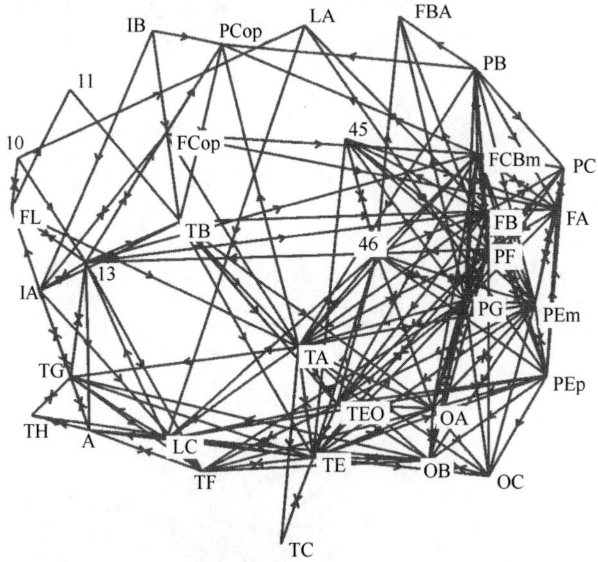

（b）大脑皮层网络中的连接

图 7.2　短尾猿大脑皮层的侧面图与大脑皮层网络中的连接

对网络的研究最早起源于著名的哥尼斯堡 Koningsberg 七桥问题。20 世纪 60 年代，匈牙利数学家 Erdös 和 Rényi 建立的随机图理论被公认是系统研究复杂网络理论的一个标志[142]。近年来，计算技术的迅猛发展及人们对互联网等大量复杂网络研究的深入，使得人们的计算能力得到很大的提高并获得了大量的数据，这些都迫使人们不得不重新认识复杂网络。小世界现象和无标度特性的提出，极大地推动了复杂网络研究的发展，复杂网络引起了众多学者的广泛关注[143-145]。

同步现象广泛存在于自然、社会及人造等各类系统，如共振、蟋蟀的齐奏、剧院里观众响起的掌声等。近些年来，具有小世界现象和无标度特性的复杂动态网络模型的同步引起了人们极大的研究兴趣[146-152]。Wang 和 Chen 提出了一种统一模型[143]，并研究了其在小世界无标度网络中的同步标准。Li 和 Chen 将耦合时滞引入统一模型中，以线性矩阵不等式的形式给出了保证模型同步的时滞无关和时滞依赖条件[145]。Lü 和 Chen 在不假设连接矩阵对称与不可约的条件下，讨论了一类线性耦合的常微分系统的局部与全局同步条件[149]。

由于一个复杂网络中可能具有大量的节点，因此很难对网络中的每个节点都施加控制器。为了减少控制器的数量，Wang 等针对复杂网络引入了牵制控制的概念，发现只需要对网络中少量的节点施加局部线性的反馈控制，就可以使整个网络实现同步[118]。在文献[151]中，Li 等研究了随机网络和无标度网络的牵引控制问题。在文献[152]中，Chen 等证明了一个单一的控制器可以牵制控制耦合复杂网络的所有节点至一个同质解。

本章首先研究一类同时具有常数耦合广义复杂动态网络的同步问题。通过对网络中的一个节点施加单一线性控制，即所谓牵制控制，得到保证复杂网络局部同步的充分性条件。然后讨论超混沌 Rössler 系统作为节点构成的星形复杂网络的牵制控制。最后通过数值仿真验证本章所得结论的有效性。

7.1　复杂网络的统计特性

7.1.1　平均路径长度

网络中两个节点 i 和 j 之间的距离 d_{ij} 定义为连接两个节点的最短路径的边数。网络中任意两个节点之间距离的最大值称为网络的直径 D。网络的平均路径长度 L 定义为任意两个节点之间的距离的平均值。

7.1.2　聚类系数

一般地，假设网络中的一个节点 i 有 k_i 条边将它和其他节点相连，这 k_i 个节点就称为节点 i 的邻居。显然，在 k_i 个节点之间最多有 $k_i(k_i-1)/2$ 条边，而 k_i 个节点之间实际存在的边数 E_i 和 $k_i(k_i-1)/2$ 之比就定义为节点 i 的聚类系数 C_i，即

$$C_i=\frac{2E_i}{k_i(k_i-1)}$$

整个网络的聚类系数 C 就是所有节点 i 的聚类系数 C_i 的平均值。很明显 $0\leqslant C\leqslant 1$。当且仅当所有的节点均为孤立节点，也就是没有任何连接边时，$C=0$；

当且仅当是全局耦合的，也就是网络中任意两个节点都直接相连时，$C=1$。

7.1.3 度与度分布

节点i的度k_i定义为与该点连接的其他节点的数目。直观来看，一个节点的度越大就意味着这个节点就越“重要”。网络中所有节点的度的平均值称为网络的平均度，记为$\langle k\rangle$。网络中节点的度的分布情况可用分布函数$P(k)$来描述，$P(k)$表示的是一个随机选定节点的度为k的概率。规则的格子具有简单的度序列，因为其所有节点具有相同的度，所以其度分布为 Delta 分布。完全随机网络的度分布近似于 Poisson 分布，其形状在远离峰值$\langle k\rangle$处呈指数下降。

近几年的大量研究表明，许多实际网络的度分布明显不同于泊松分布，许多网络的度分布都遵从幂律形式：

$$P(k)\sim k^{-\gamma}$$

式中，γ一般为2～3。

幂律分布曲线比指数分布曲线下降趋势要缓慢得多。研究发现具有幂律度分布的网络没有明显的特征标度，所以这类网络称为无标度网络。这样在一个大规模的无标度网络中绝大部分的节点度相对很低，但也存在少量的度相对很高的节点，因此无标度网络是非均匀的，而那些少量的度相对很高的节点则称为网络的“中心节点”。

7.2 复杂网络模型

7.2.1 规则网络

规则网络是一个规则的有迹可循的晶格点阵，网络中各节点的度相同。

全局耦合网络的特点是任意两个点之间都有边直接相连，如图 7.3（a）所示。全局耦合网络的平均路径长度$L=1$，聚类系数$C=1$。

最近邻耦合网络的特点是每个点只和它周围节点相连，如图 7.3（b）所示。具有周期边界条件的最近邻耦合网络由N个以环状排列的节点构成，节点与它的相邻节点$k/2$相连接（k为偶数），这个网络的聚类系数为

$$C=\frac{3(k-2)}{4(k-1)}$$

当k较大时，$C\approx 3/4$。该网络的平均路径长度为

$$L \approx \frac{N}{2k}$$

显然，对固定的 k 值，当 $N \to \infty$ 时，$L \to \infty$。

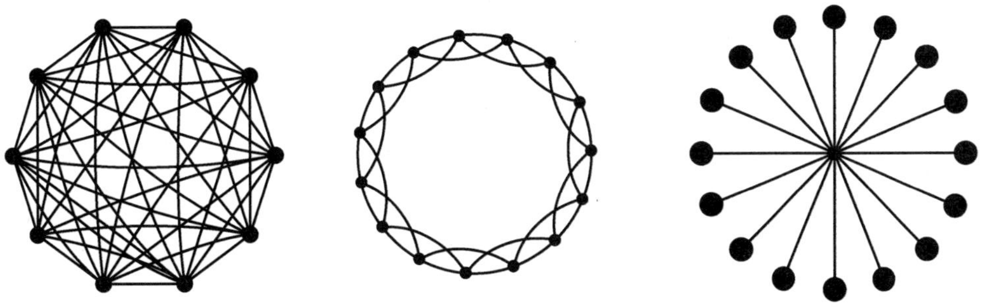

（a）全局耦合网络　　（b）最近邻耦合网络　　（c）星形耦合网络

图 7.3　耦合网络

星形耦合网络的特点是它有一个中心点，其余的 $N-1$ 个点都只与这个中心点连接，而它们彼此之间不连接，如图 7.3（c）所示。星形耦合网络平均路径长度为

$$L = 2 - \frac{2(N-1)}{N(N-1)} \to 2,\quad N \to \infty$$

星形耦合网络的聚类系数为

$$C = \frac{N-1}{N} \to 1,\quad N \to \infty$$

7.2.2 随机图

由 N 个节点构成的图中，可以存在 C_N^2 条边。对于 C_N^2 中任何一个可能连接，以概率 p 进行连接而构成的网络称为随机网络，如图 7.4 所示。随机图平均路径长度为

$$L \propto \ln N / \ln\langle k \rangle$$

式中，$\langle k \rangle$ 是随机图的平均度，$\langle k \rangle = p(N-1)$。随机图聚类系数为

$$C = p$$

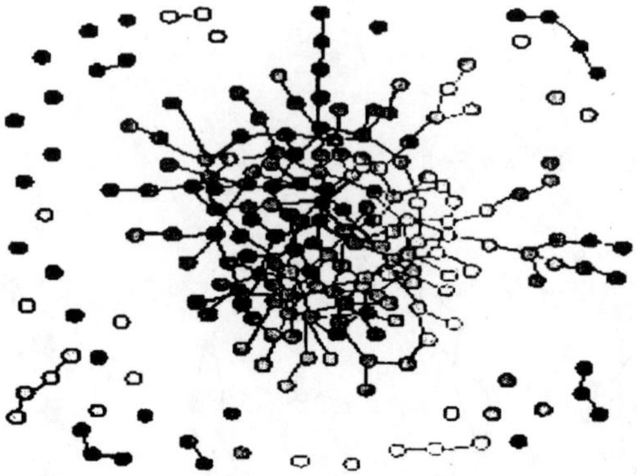

图 7.4　随机图

7.2.3 小世界网络

网络节点数变化时，任意两节点间的平均最短路径变化相对缓慢，随节点数的增加呈对数增长，且网络具有较高的集聚程度的现象称为小世界效应。具有小世界效应的网络，称为小世界网络，如图 7.5 所示。关于小世界网络的平均路径长度和聚类系数的讨论详见文献[149]。

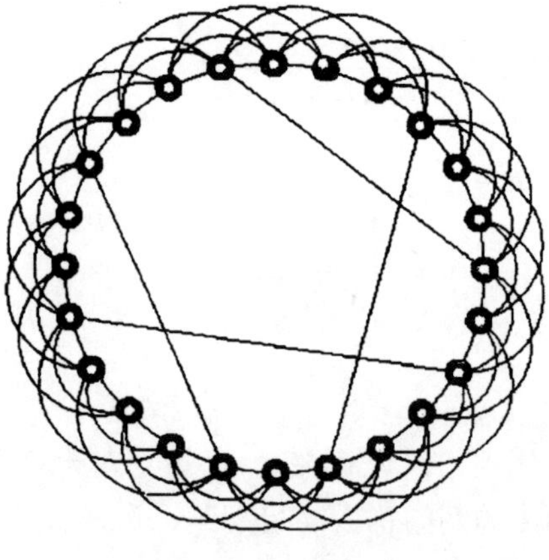

图 7.5　小世界网络模型

7.2.4 无标度网络

网络中的节点度服从幂律分布，即某个特定度的节点数目与这个特定的度之间的关系可以用一个形如 $Y \propto X^{c}$ 的幂函数近似表示。将具有这种特征的网络称为无标度网络，如图 7.6 所示。关于无标度网络的平均路径长度和聚类系数的讨论详见文献[149]。

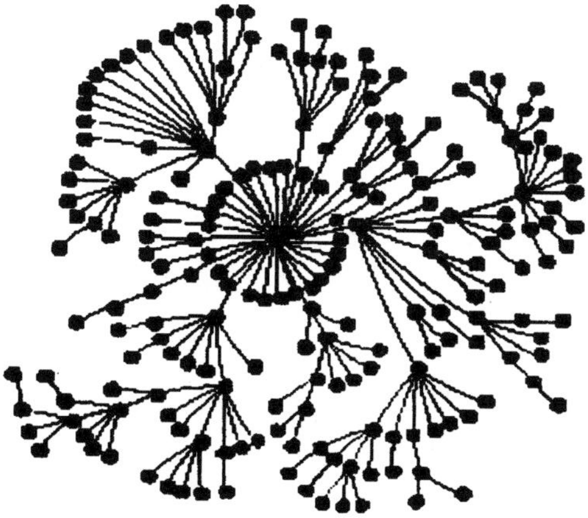

图 7.6　无标度网络

7.2.5 一个广义时变的复杂动力网络模型

近期，汪晓帆和陈关荣提出了一个简单的一致联结的动力网络模型[143]。假定复杂动力网络模型所有的边具有相同的耦合强度且内部耦合矩阵为 0–1 对角矩阵。然而，大多数实际世界的复杂网络是时变的，不同的边具有不同的耦合强度，且它们的内部耦合矩阵可能不是一个对角矩阵。为了更好地刻画这种实际世界的复杂网络，Lü[149]引入了一个广义时变的复杂动力网络模型

$$\dot{\boldsymbol{x}}_i(t)=f(\boldsymbol{x}_i(t),t)+\sum_{j=1}^{N}c_{ij}(t)\boldsymbol{A}(t)\boldsymbol{x}_j(t)\,,\quad i=1,2,\cdots,N$$

式中，$\boldsymbol{x}_i(t)=(x_i^1(t),x_i^2(t),\cdots,x_i^n(t))\in\mathbf{R}^n$（$i=2,\cdots,N$）为节点子系统的状态向量；$\boldsymbol{A}(t)=(a_{ij}(t))_{n\times n}\in\mathbf{R}^{n\times n}$ 是时刻 t 时网络的内部耦合矩阵；$\boldsymbol{C}(t)=(c_{ij}(t))_{N\times N}$ 是时刻 t 时网络的耦合框架矩阵。这里 $c_{ij}(t)$ 的定义如下：若 t 时刻从节点 i 到节点 $j(i\neq j)$ 之间存在着联结，则 t 时刻的耦合强度 $c_{ij}(t)\neq 0$；否则，t 时刻的耦合强度 $c_{ij}(t)=0$ $(i\neq j)$。耦合框架矩阵 $\boldsymbol{C}(t)$ 的对角元素定义为

$$c_{ii}=-\sum_{j=1,\,j\neq i}^{N}c_{ij}\,,\quad i=1,2,\cdots,N$$

7.3 复杂网络的完全同步判据

网络同步是一种非常普遍而且十分重要的非线性现象，它是当前在复杂系统研究中的一个热点问题。

考虑一个由 N 个相同节点构成的耦合动态网络系统，其中第 i 个节点的状态方程为

$$\dot{\boldsymbol{x}}_i(t) = f(\boldsymbol{x}_i) + c\sum_{j=1}^{N} d_{ij} H(\boldsymbol{x}_j)\,,\quad i = 1,2,\cdots,N \tag{7.1}$$

式中，$\boldsymbol{x}_i(t) = (x_i^1(t), x_i^2(t), \cdots, x_i^n(t)) \in \mathbf{R}^n$（$i = 2,\cdots,N$）为节点子系统的状态向量；$f:\mathbf{R}^n \to \mathbf{R}^n$ 为连续可微函数；c 是耦合节点子系统之间的连接强度；$H:\mathbf{R}^n \to \mathbf{R}^n$ 为各个节点状态变量之间的内部耦合函数，也称为各节点的输出函数，这里假定每个节点的输出函数相同；矩阵 $\boldsymbol{D} = (d_{ij})_{N\times N} \in \mathbf{R}^{N\times N}$ 表示节点子系统之间的耦合作用。d_{ij} 的定义如下：若节点 i 和节点 $j(i \neq j)$ 之间有联结，则 $d_{ij} = d_{ji} = 1$，否则，$d_{ij} = d_{ji} = 0$，对角元素为

$$d_{ii} = -\sum_{j=1,\,j\neq i}^{N} d_{ij} = -\sum_{j=1,\,j\neq i}^{N} d_{ji}\,,\quad i = 1,2,\cdots,N$$

若当 $t \to \infty$ 时，有

$$\boldsymbol{x}_1 \to \boldsymbol{x}_2 \to \cdots \to \boldsymbol{x}_N \to \boldsymbol{s}(t) \tag{7.2}$$

则称复杂网络系统式（7.1）达到完全渐近同步。这里 $\boldsymbol{s}(t) \in \mathbf{R}^n$ 是在不考虑耦合作用时单个节点状态方程 $\dot{\boldsymbol{x}}_i(t) = f(\boldsymbol{x}_i(t))$ 的解，即 $\dot{\boldsymbol{s}}(t) = f(\boldsymbol{s}(t))$，$\boldsymbol{x}_1 = \boldsymbol{x}_2 = \cdots = \boldsymbol{x}_N = \boldsymbol{s}(t)$ 称为网络状态空间中的同步流形，其中 $\boldsymbol{S}(t) = (\boldsymbol{s}^{\mathrm{T}}(t), \boldsymbol{s}^{\mathrm{T}}(t), \cdots, \boldsymbol{s}^{\mathrm{T}}(t))^{\mathrm{T}} \in \mathbf{R}^{nN}$ 称为同步状态。

7.3.1 连续时间耦合网络完全同步判据

考虑动态网络方程

$$\dot{\boldsymbol{x}}_i(t) = f(\boldsymbol{x}_i(t), t) + c\sum_{j=1}^{N} d_{ij} \boldsymbol{H}\boldsymbol{x}_j(t)\,,\quad i = 1,2,\cdots,N \tag{7.3}$$

内部耦合矩阵 $\boldsymbol{H}$ 取为对角矩阵 $\boldsymbol{H} = \mathrm{diag}(r_1, r_2, \cdots, r_n)$，其他符号含义同前。

定理 7.1[112] 对于动态网络式（7.3），如果 $N-1$ 个 n 维的线性时变系统

$$\dot{\boldsymbol{w}} = [\boldsymbol{D}f(\boldsymbol{s}(t)) + \varepsilon\lambda_k \boldsymbol{H}]\boldsymbol{w}\,,\quad k = 2,\cdots,N \tag{7.4}$$

是指数稳定的，那么同步流形（7.2）也是指数稳定的。

定理 7.2[117] 对于动态网络（7.3），假定存在一个 $n\times n$ 的对角矩阵 $\boldsymbol{E} > 0$，以及常数 $\bar{d} < 0, \tau > 0$，使得对于所有的 $d \leqslant \bar{d}$ 有

$$[\boldsymbol{D}f(\boldsymbol{s}(t)) + d\boldsymbol{H}]^{\mathrm{T}}\boldsymbol{E} + \boldsymbol{E}[\boldsymbol{D}f(\boldsymbol{s}(t)) + d\boldsymbol{H}] \leqslant -\tau \boldsymbol{I}_n$$

式中，$\boldsymbol{E}$ 为对角矩阵；$\boldsymbol{I}_n$ 为单位矩阵。如果

$$c\lambda_2 \leqslant \bar{d}$$

则同步流形式（7.2）也是指数稳定的。

定理 7.3[151]　对于有混沌节点构成的网络式（7.3），记孤立节点的最大 Lyapunov 指数为 $h_{\max}$。如果 $\boldsymbol{H}=\boldsymbol{I}_n$，并且

$$|c\lambda_2| < h_{\max}$$

那么同步流形式（7.2）是指数稳定的。

7.3.2 连续时间时变耦合网络完全同步

考虑一个由 N 个相同节点构成的耦合动态网络系统，其中第 i 个节点的状态方程为

$$\dot{\boldsymbol{x}}_i(t)=f(\boldsymbol{x}_i)+\sum_{j=1}^{N} d_{ij}(t)\boldsymbol{H}(t)\boldsymbol{x}_j\ ,\quad i=1,2,\cdots,N \tag{7.5}$$

式中，$H:\mathbf{R}^n \to \mathbf{R}^n$ 描述了在 t 时刻各个节点状态变量之间的内部耦合关系，其他符号含义同前。

假设同步状态 $\boldsymbol{s}(t)$ 是时变的，并令 $\boldsymbol{\xi}_i(t)=\boldsymbol{x}_i(t)-\boldsymbol{s}(t)$。不妨设 $\boldsymbol{x}_1(t)=\boldsymbol{s}(t)$。将 $\boldsymbol{\xi}_i(t)$ 代入动态网络系统式（7.5）得

$$\dot{\boldsymbol{\xi}}_i(t)=f(\boldsymbol{\xi}_i(t)+\boldsymbol{s}(t))-f(\boldsymbol{s}(t))+\sum_{j=2}^{N} d_{ij}(t)\boldsymbol{H}(t)\boldsymbol{\xi}_j\ ,\quad i=2,\cdots,N \tag{7.6}$$

再令

$$\bar{\boldsymbol{\xi}}(t)=\begin{pmatrix}\boldsymbol{\xi}_2(t)\\ \vdots \\ \boldsymbol{\xi}_N(t)\end{pmatrix}$$

则式（7.6）可以记为 $\dot{\bar{\boldsymbol{\xi}}}(t)=F(\bar{\boldsymbol{\xi}}(t),t)$。在平衡点 $\bar{\boldsymbol{\xi}}(t)=\boldsymbol{0}$ 处 $F(\bar{\boldsymbol{\xi}}(t),t)$ 的 Jacobi 矩阵为

$$\boldsymbol{D}F(\boldsymbol{0},t)=\begin{pmatrix}\boldsymbol{D}f(\boldsymbol{s}(t))+d_{22}\boldsymbol{H}(t) & d_{23}\boldsymbol{H}(t) & \cdots & d_{2N}\boldsymbol{H}(t)\\ d_{32}\boldsymbol{H}(t) & \boldsymbol{D}f(\boldsymbol{s}(t))+d_{33}\boldsymbol{H}(t) & \cdots & d_{3N}\boldsymbol{H}(t)\\ \vdots & \vdots & & \vdots\\ d_{N2}\boldsymbol{H}(t) & d_{N3}\boldsymbol{H}(t) & \cdots & \boldsymbol{D}f(\boldsymbol{s}(t))+d_{NN}\boldsymbol{H}(t)\end{pmatrix}$$

下面定理分别给出了时变动力网络混沌同步的充分条件和充要条件。

定理 7.4[149]　假设 $F:\Omega\to\mathbf{R}^{n(N-1)}$ 在正不变集 $\Omega=\left\{\boldsymbol{x}\in\mathbf{R}^{n(N-1)}\,\middle|\,\|\boldsymbol{x}\|_2<r\right\}$ 中是

连续可微的。如果存在两个对称正定矩阵 $\boldsymbol{P},\boldsymbol{Q}\in\mathbf{R}^{n(N-1)\times n(N-1)}$，使得

$$\boldsymbol{P}(\boldsymbol{D}F(\boldsymbol{0},t))+(\boldsymbol{D}F(\boldsymbol{0},t))^{\mathrm{T}}\boldsymbol{P}\leqslant-\boldsymbol{Q}\leqslant-c_1\boldsymbol{I}$$

及

$$(\Gamma(\boldsymbol{y}(t),t)-\Gamma(\boldsymbol{S}(t),t))^{\mathrm{T}}\boldsymbol{P}+\boldsymbol{P}(\Gamma(\boldsymbol{y}(t),t)-\Gamma(\boldsymbol{S}(t),t))\leqslant c_2\boldsymbol{I}<c_1\boldsymbol{I}$$

成立，那么动态网络系统式（7.5）的同步流形是指数稳定的。这里，$c_i>0$，

$$\Gamma(\boldsymbol{y}(t),t)=\mathrm{diag}(\boldsymbol{D}f(\boldsymbol{y}_1(t)),\cdots\boldsymbol{D}f(\boldsymbol{y}_{N-1}(t)))\text{，}\quad y(t)=(\boldsymbol{y}_1^{\mathrm{T}}(t),\cdots,\boldsymbol{y}_{N-1}^{\mathrm{T}}(t))^{\mathrm{T}}$$

$$\boldsymbol{y}_i(t)=\boldsymbol{s}(t)+O_i(t)\boldsymbol{\xi}_{i+1}(t)\text{，}\quad 1\leqslant i\leqslant N-1,0\leqslant O_i(t)\leqslant1$$

$$\boldsymbol{S}(t)=(\boldsymbol{s}^{\mathrm{T}}(t),\cdots,\boldsymbol{s}^{\mathrm{T}}(t))^{\mathrm{T}}\in\mathbf{R}^{n(N-1)}\text{，}\quad \boldsymbol{y}-\boldsymbol{S}(t)\in\Omega$$

定理 7.5[153] 假设 $F:\Omega\to\mathbf{R}^{n(N-1)}$ 在区域 $\Omega=\left\{\boldsymbol{x}\in\mathbf{R}^{n(N-1)}\big|\|\boldsymbol{x}\|_2<r\right\}$ 中是连续可微的。又设对于所有的 t，$F(\boldsymbol{0},t)=\boldsymbol{0}$，Jacobi 矩阵在 Ω 中有界、利普希茨（Lipschitz）连续，且关于时间 t 是一致的。若存在一个非奇异实矩阵 $\boldsymbol{\Phi}(t)$，使得

$$\boldsymbol{\Phi}^{-1}(t)(\boldsymbol{D}(t))^{\mathrm{T}}\boldsymbol{\Phi}(t)=\mathrm{diag}(\boldsymbol{\lambda}_1(t),\cdots,\boldsymbol{\lambda}_N(t))$$

以及

$$\dot{\boldsymbol{\Phi}}^{-1}(t)\boldsymbol{\Phi}(t)=\mathrm{diag}(\boldsymbol{\beta}_1(t),\cdots,\boldsymbol{\beta}_N(t))$$

则动态网络系统式（7.5）的同步流形是指数稳定的充分必要条件是线性时变系统

$$\dot{\boldsymbol{w}}=[\boldsymbol{D}f(\boldsymbol{s}(t))+\boldsymbol{\lambda}_k(t)\boldsymbol{H}(t)-\boldsymbol{\beta}_k(t)\boldsymbol{I}]\boldsymbol{w}\text{，}\quad k=2,3,\cdots,N$$

的零解是指数稳定的。

7.4 牵制控制复杂网络同步

7.4.1 系统描述

考虑具有耦合结构的非线性复杂网络系统，系统模型描述如下

$$\dot{\boldsymbol{x}}_i(t)=f(\boldsymbol{x}_i(t),t)+c\sum_{j=1}^{N}d_{ij}\boldsymbol{\Gamma}\boldsymbol{x}_j(t)\text{，}\quad i=1,2,\cdots,N \tag{7.7}$$

式中，$\boldsymbol{x}_i(t)=(\boldsymbol{x}_i^1(t),\boldsymbol{x}_i^2(t),\cdots,\boldsymbol{x}_i^n(t))\in\mathbf{R}^n$（$i=2,\cdots,N$）为节点子系统的状态向量，$n$ 为节点维数，N 是系统节点的个数；$f:\mathbf{R}^n\to\mathbf{R}^n$ 为连续可微函数；c 为耦合节点子系统之间的连接强度；$\boldsymbol{\Gamma}=\left(\gamma_{ij}\right)_{n\times n}\in\mathbf{R}^{n\times n}$ 为每个节点子系统的内部连接矩阵；矩阵 $\boldsymbol{D}=(d_{ij})_{N\times N}\in\mathbf{R}^{N\times N}$ 为节点子系统之间的耦合作用。d_{ij} 定义如下：若节点 i 和

节点 $j(i \neq j)$ 之间有连接，则 $d_{ij}=d_{ji}=1$；否则，$d_{ij}=d_{ji}=0$，对角元素为

$$d_{ii}=-\sum_{j=1,j\neq i}^{N} d_{ij}=-\sum_{j=1,j\neq i}^{N} d_{ji}\text{，}\quad i=1,2,\cdots,N$$

当 $t\to\infty$ 时，使得 $\boldsymbol{x}_1(t)\to\boldsymbol{x}_2(t)\to\cdots\to\boldsymbol{x}_N(t)\to\boldsymbol{s}(t)$，则称复杂网络系统达到完全渐近同步。这里 $\boldsymbol{s}(t)\in\mathbf{R}^n$ 是在不考虑耦合作用时单个节点状态方程 $\dot{\boldsymbol{x}}_i(t)=f(\boldsymbol{x}_i(t))$ 的解，即 $\dot{\boldsymbol{s}}(t)=f(\boldsymbol{s}(t))$，$\boldsymbol{x}_1(t)=\boldsymbol{x}_2(t)=\cdots=\boldsymbol{x}_N(t)=\boldsymbol{s}(t)$ 称为网络状态空间中的同步流形，其中 $\boldsymbol{S}(t)=(\boldsymbol{s}^{\mathrm{T}}(t),\boldsymbol{s}^{\mathrm{T}}(t),\cdots,\boldsymbol{s}^{\mathrm{T}}(t))^{\mathrm{T}}\in\mathbf{R}^{nN}$ 称为同步状态。

7.4.2 局部同步分析

引理 7.1[152]　设 $\boldsymbol{G}=\left(G_{ij}\right)_{N\times N}$ 为不可约矩阵，若矩阵 $\boldsymbol{G}$ 的秩 $r(\boldsymbol{G})=N-1$，且满足 $G_{ij}=G_{ji}>0$，$i\neq j$ 和 $\sum_{j=1}^{N}G_{ij}=0$，$i=1,2,\cdots,N$，则矩阵

$$\bar{\boldsymbol{G}}=\begin{pmatrix} G_{11}-\varepsilon & G_{12} & \cdots & G_{1N} \\ G_{21} & G_{22} & \cdots & G_{2N} \\ \vdots & \vdots & & \vdots \\ G_{N1} & G_{N2} & \cdots & G_{NN} \end{pmatrix}$$

的特征值全为负值，其中 $\varepsilon>0$。

为了实现系统式（7.7）的局部同步，在系统式（7.7）的第一个节点上使用反馈控制器 $\boldsymbol{u}_1$，则受控网络系统可表示为

$$\begin{cases} \dot{\boldsymbol{x}}_1(t)=f(\boldsymbol{x}_1(t),t)+c\sum_{j=1}^{N}d_{ij}\boldsymbol{\Gamma}\boldsymbol{x}_j(t)+\boldsymbol{u}_1 \\ \dot{\boldsymbol{x}}_i(t)=f(\boldsymbol{x}_i(t),t)+c\sum_{j=1}^{N}d_{ij}\boldsymbol{\Gamma}\boldsymbol{x}_j(t),\ \ i=2,3,\cdots,N \end{cases} \tag{7.8}$$

令

$$\boldsymbol{u}_1=-c\varepsilon(\boldsymbol{x}_1(t)-\boldsymbol{s}(t)) \tag{7.9}$$

式中，ε 是一个正的参数，则系统式（7.8）为

$$\begin{cases} \dot{\boldsymbol{x}}_1(t)=f(\boldsymbol{x}_1(t),t)+c\sum_{j=1}^{N}d_{ij}\boldsymbol{\Gamma}\boldsymbol{x}_j(t)-c\varepsilon(\boldsymbol{x}_1(t)-\boldsymbol{s}(t)) \\ \dot{\boldsymbol{x}}_i(t)=f(\boldsymbol{x}_i(t),t)+c\sum_{j=1}^{N}d_{ij}\boldsymbol{\Gamma}\boldsymbol{x}_j(t),\ \ i=2,3,\cdots,N \end{cases} \tag{7.10}$$

定义同步误差$\boldsymbol{e}_i(t)=\boldsymbol{x}_i(t)-\boldsymbol{s}(t)$，$i=1,2,\cdots,N$，则得同步误差系统方程

$$\dot{\boldsymbol{e}}_i(t)=f(\boldsymbol{x}_i(t),t)-f(\boldsymbol{s}(t),t)+c\sum_{j=1}^{N}\bar{d}_{ij}\boldsymbol{\Gamma}\boldsymbol{e}_j(t) \tag{7.11}$$

式中，$\bar{d}_{11}=d_{11}-\varepsilon$，除此之外，$\bar{d}_{ij}=d_{ij}$，$\bar{\boldsymbol{D}}=(\bar{d}_{ij})$。

将系统式（7.11）在系统解$\boldsymbol{s}(t)$附近离散化，得

$$\dot{\boldsymbol{e}}(t)=\boldsymbol{J}(t)\boldsymbol{e}(t)+c\boldsymbol{\Gamma}\boldsymbol{e}(t)\bar{\boldsymbol{D}} \tag{7.12}$$

式中，$\boldsymbol{J}(t)$是f在$\boldsymbol{s}(t)$上的 Jacobi 矩阵，$\boldsymbol{e}(t)=(\boldsymbol{e}_1(t),\boldsymbol{e}_2(t),\cdots,\boldsymbol{e}_N(t))$。

根据引理 7.1，矩阵$\bar{\boldsymbol{D}}$是负定的。不妨设其特征值为$\lambda_N\leqslant\lambda_{N-1}\leqslant\cdots\leqslant\lambda_2\leqslant\lambda_1<0$。

因为$\bar{\boldsymbol{D}}$对称，所以存在正交矩阵$\boldsymbol{\Phi}$使得$\boldsymbol{\Phi}\bar{\boldsymbol{D}}\boldsymbol{\Phi}^{\mathrm{T}}=\boldsymbol{\Lambda}$，$\boldsymbol{\Lambda}=\mathrm{diag}(\lambda_1,\lambda_2,\cdots,\lambda_N)$。

定义

$$\boldsymbol{v}(t)=\boldsymbol{e}(t)\boldsymbol{\Phi}$$

式中，$\boldsymbol{v}(t)=(\boldsymbol{v}_1(t),\boldsymbol{v}_2(t),\cdots,\boldsymbol{v}_N(t))$，则式（7.12）变为

$$\dot{\boldsymbol{v}}_i(t)=\boldsymbol{J}(t)\boldsymbol{v}_i(t)+c\lambda_i\boldsymbol{\Gamma}\boldsymbol{v}_i(t)\text{，}\quad i=1,2,\cdots,N \tag{7.13}$$

因此，$N\times n$维系统式（7.7）的稳定性问题转化为N个独立的n维线性系统式（7.13）的稳定性问题。

定理 7.6 如果存在两组对称正定矩阵$\boldsymbol{P}_i,\boldsymbol{Q}_i\in\mathbf{R}^{n\times n}$（$i=1,2,\cdots,N$），使得下式成立：

$$\boldsymbol{P}_i(\boldsymbol{J}+c\lambda_i\boldsymbol{\Gamma})+(\boldsymbol{J}+c\lambda_i\boldsymbol{\Gamma})^{\mathrm{T}}\boldsymbol{P}+\boldsymbol{Q}_i=\boldsymbol{0} \tag{7.14}$$

则受控耦合系统式（7.10）同步于$\boldsymbol{s}(t)$。

证明 定义如下 Lyapunov 函数：

$$w_i(t)=\boldsymbol{v}_i^{\mathrm{T}}(t)\boldsymbol{P}_i\boldsymbol{v}_i(t)\text{，}\quad i=1,2,\cdots,N \tag{7.15}$$

则式（7.15）沿线性系统式（7.13）的导数为

$$\begin{aligned}\dot{w}_i(t)&=\dot{\boldsymbol{v}}_i^{\mathrm{T}}(t)\boldsymbol{P}_i\boldsymbol{v}_i(t)+\boldsymbol{v}_i^{\mathrm{T}}(t)\boldsymbol{P}_i\dot{\boldsymbol{v}}_i(t)\\&=\boldsymbol{v}_i^{\mathrm{T}}(\boldsymbol{J}+c\lambda_i\boldsymbol{\Gamma})^{\mathrm{T}}\boldsymbol{P}\boldsymbol{v}_i+\boldsymbol{v}_i^{\mathrm{T}}\boldsymbol{P}(\boldsymbol{J}+c\lambda_i\boldsymbol{\Gamma})\boldsymbol{v}_i\\&=\boldsymbol{v}_i^{\mathrm{T}}((\boldsymbol{J}+c\lambda_i\boldsymbol{\Gamma})^{\mathrm{T}}\boldsymbol{P}_i+\boldsymbol{P}_i(\boldsymbol{J}+c\lambda_i\boldsymbol{\Gamma}))\boldsymbol{v}_i\end{aligned}$$

令$(\boldsymbol{J}+c\lambda_i\boldsymbol{\Gamma})^{\mathrm{T}}\boldsymbol{P}_i+\boldsymbol{P}_i(\boldsymbol{J}+c\lambda_i\boldsymbol{\Gamma})=-\boldsymbol{Q}_i$，则有

$$\dot{w}_i(t)=-\boldsymbol{v}_i^{\mathrm{T}}\boldsymbol{Q}_i\boldsymbol{v}_i<0\text{，}\quad i=1,2,\cdots,N$$

因此，对于线性系统式（7.13）中N个子系统均有$\dot{w}_i(t)<0$。根据 Lyapunov 稳定性理论，受控网络式（7.10）同步于$\boldsymbol{s}(t)$。证毕。

7.5　牵制控制星形复杂网络的同步

星形结构网络有一个中心节点，该节点与其他节点都有边联结，而其他两个节点之间没有边联结。星形结构的突出优点是：外围节点的故障只能使该通路及与该通路相连的设备不能正常工作，对系统的正常工作没有影响，不会造成全局性的危害。正是因为此优点，星形结构网络在实际中有着广泛的应用。

2004 年，Lu 和 Chen 考虑了星形复杂网络中的节点为非线性方程的情形，得到了局部和全局的同步准则[147]。2006 年，Gu 等利用线性稳定分析理论研究了三种类型的复杂星形网络，包括一种单中心星形网络和两种不同的多中心星形网络，并给出了网络同步的条件[148]。此外，此类复杂网络系统同步的牵制控制也得到了广泛的研究[119,145]。

本节将 7.4 节得到的结论应用于由超混沌 Rössler 系统作为节点构成的星形复杂网络，具体研究牵引控制星形复杂网络的同步问题，同时也验证理论是正确的。

超混沌 Rössler 系统可描述为

$$\begin{cases} \dot{x} = -y - z \\ \dot{y} = x + ay + w \\ \dot{z} = b + xz \\ \dot{w} = rw - dz \end{cases} \tag{7.16}$$

式中，$a = 0.25, b = 3, r = 0.05, d = 0.5$。显然 $\boldsymbol{s}(t) = (0,0,0,0)^{\mathrm{T}}$ 是其一个平衡点。

考虑四个超混沌 Rössler 系统构成的星形复杂网络，示意图如图 7.7 所示。

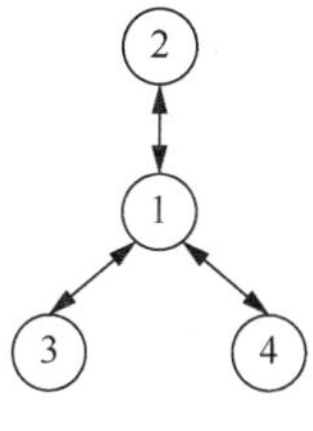

图 7.7　四个 Rössler 系统构成的星形复杂网络

其耦合矩阵

$$\boldsymbol{D} = \begin{pmatrix} -3 & 1 & 1 & 1 \\ 1 & -1 & 0 & 0 \\ 1 & 0 & -1 & 0 \\ 1 & 0 & 0 & -1 \end{pmatrix}$$

取耦合强度c，连接矩阵$\boldsymbol{\Gamma}$为对角阵，即

$$\boldsymbol{\Gamma}=\begin{pmatrix}\gamma_1 & 0 & 0 & 0\\ 0 & \gamma_2 & 0 & 0\\ 0 & 0 & \gamma_3 & 0\\ 0 & 0 & 0 & \gamma_4\end{pmatrix}$$

则此网络系统方程可表示为

$$\begin{cases}\dot{x}_1=-y_1-z_1+c(-3\gamma_1x_1+\gamma_2x_2+\gamma_3x_3+\gamma_4x_4)\\ \dot{y}_1=x_1+ay_1+w_1+c(-3\gamma_1y_1+\gamma_2y_2+\gamma_3y_3+\gamma_4y_4)\\ \dot{z}_1=b+x_1z_1+c(-3\gamma_1z_1+\gamma_2z_2+\gamma_3z_3+\gamma_4z_4)\\ \dot{w}_1=rw_1-dz_1+c(-3\gamma_1w_1+\gamma_2w_2+\gamma_3w_3+\gamma_4w_4)\end{cases}\tag{7.17}$$

$$\begin{cases}\dot{x}_2=-y_2-z_2+c(\gamma_1x_1-\gamma_2x_2)\\ \dot{y}_2=x_2+ay_2+w_2+c(\gamma_1y_1-\gamma_2y_2)\\ \dot{z}_2=b+x_2z_2+c(\gamma_1z_1-\gamma_2z_2)\\ \dot{w}_2=rw_2-dz_2+c(\gamma_1w_1-\gamma_2w_2)\end{cases}\tag{7.18}$$

$$\begin{cases}\dot{x}_3=-y_3-z_3+c(\gamma_1x_1-\gamma_3x_3)\\ \dot{y}_3=x_3+ay_3+w_3+c(\gamma_1y_1-\gamma_3y_3)\\ \dot{z}_3=b+x_3z_3+c(\gamma_1z_1-\gamma_3z_3)\\ \dot{w}_3=rw_3-dz_3+c(\gamma_1w_1-\gamma_3w_3)\end{cases}\tag{7.19}$$

$$\begin{cases}\dot{x}_4=-y_4-z_4+c(\gamma_1x_1-\gamma_4x_4)\\ \dot{y}_4=x_4+ay_4+w_4+c(\gamma_1y_1-\gamma_4y_4)\\ \dot{z}_4=b+x_4z_4+c(\gamma_1z_1-\gamma_4z_4)\\ \dot{w}_4=rw_4-dz_4+c(\gamma_1w_1-\gamma_4w_4)\end{cases}\tag{7.20}$$

依据式（7.20）在中心节点施加控制后的子系统式（7.17）变为

$$\begin{cases}\dot{x}_1=-y_1-z_1+c(-3\gamma_1x_1+\gamma_2x_2+\gamma_3x_3+\gamma_4x_4)-c\varepsilon x_1\\ \dot{y}_1=x_1+ay_1+w_1+c(-3\gamma_1y_1+\gamma_2y_2+\gamma_3y_3+\gamma_4y_4)-c\varepsilon y_1\\ \dot{z}_1=b+x_1z_1+c(-3\gamma_1z_1+\gamma_2z_2+\gamma_3z_3+\gamma_4z_4)-c\varepsilon z_1\\ \dot{w}_1=rw_1-dz_1+c(-3\gamma_1w_1+\gamma_2w_2+\gamma_3w_3+\gamma_4w_4)-c\varepsilon w_1\end{cases}$$

式中，ε为大于零的参数。

选取耦合强度$c=10$，参数$\varepsilon=9$，连接对角矩阵$\boldsymbol{\Gamma}$对角线的元素$\gamma_1=10$，$\gamma_2=15$，$\gamma_3=25$，$\gamma_4=20$。中心节点系统的初值$(x_1(0),y_1(0),z_1(0),w_1(0))^{\mathrm{T}}=$

$(-5,-2,2,-10.5)^{\mathrm{T}}$，星形复杂网络第二个节点系统的初值 $(x_2(0),y_2(0),z_2(0),w_2(0))^{\mathrm{T}}=(5,4.2,6,10.5)^{\mathrm{T}}$，星形复杂网络第三个节点系统的初值 $(x_3(0),y_3(0),z_3(0),w_3(0))^{\mathrm{T}}=(-3,-8,-5,1.5)^{\mathrm{T}}$，星形复杂网络第四个节点系统的初值 $(x_4(0),y_4(0),z_4(0),w_4(0))^{\mathrm{T}}=(2,14,6,-1.5)^{\mathrm{T}}$。

为了体现对中心节点控制的有效性，对复杂网络在施加控制前后分别进行仿真试验。图 7.8～图 7.11 是未施加控制时耦合系统各节点状态变量的变化图。图 7.12～图 7.15 是施加控制后，系统各节点状态变量的变化图。容易看到，只对中心节点施加控制后，网络中的各节点都渐近趋于原点，即实现了渐近同步。

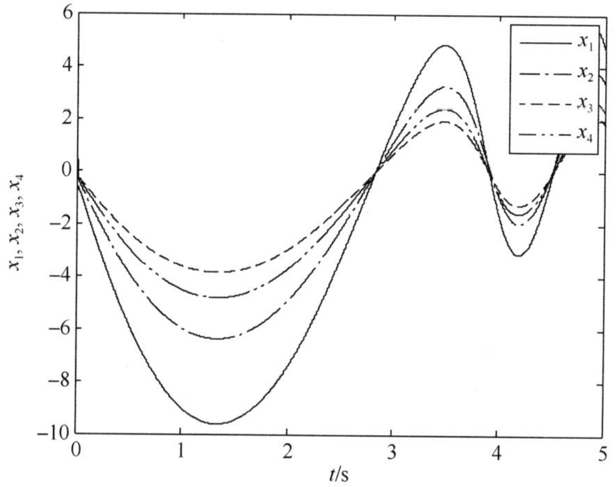

图 7.8　未施加控制系统各节点状态变量 x_1,x_2,x_3,x_4 的变化图

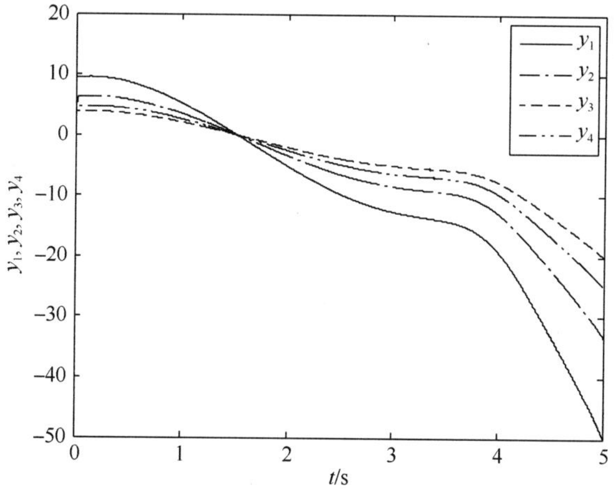

图 7.9　未施加控制系统各节点状态变量 y_1,y_2,y_3,y_4 的变化图

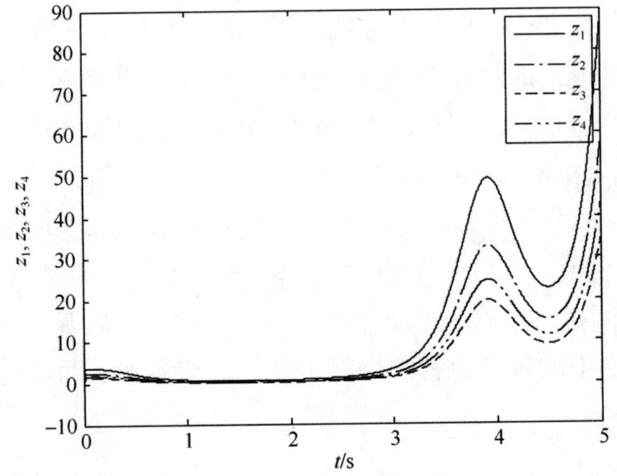

图 7.10　未施加控制系统各节点状态变量 z_1,z_2,z_3,z_4 的变化图

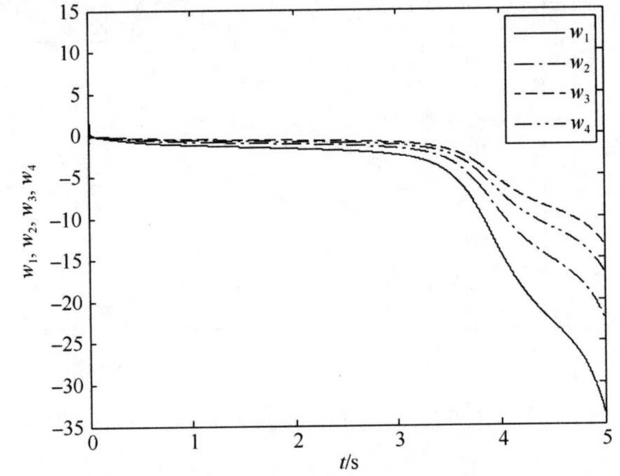

图 7.11　未施加控制系统各节点状态变量 w_1,w_2,w_3,w_4 的变化图

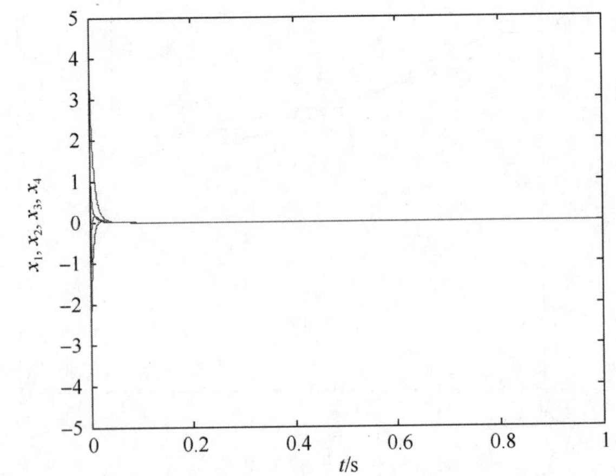

图 7.12　施加控制系统各节点状态变量 x_1,x_2,x_3,x_4 的变化图

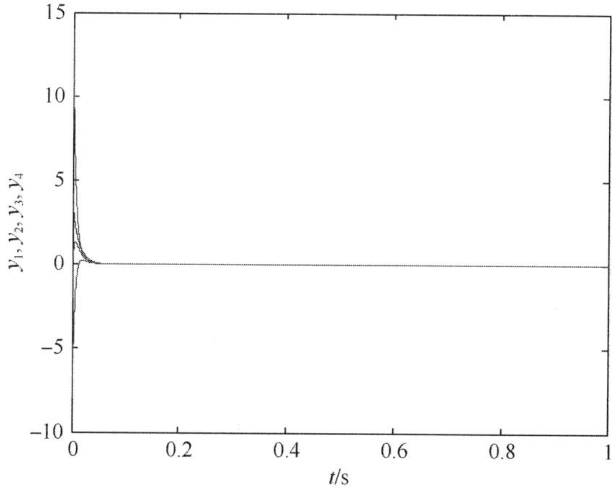

图 7.13　施加控制系统各节点状态变量 y_1, y_2, y_3, y_4 的变化图

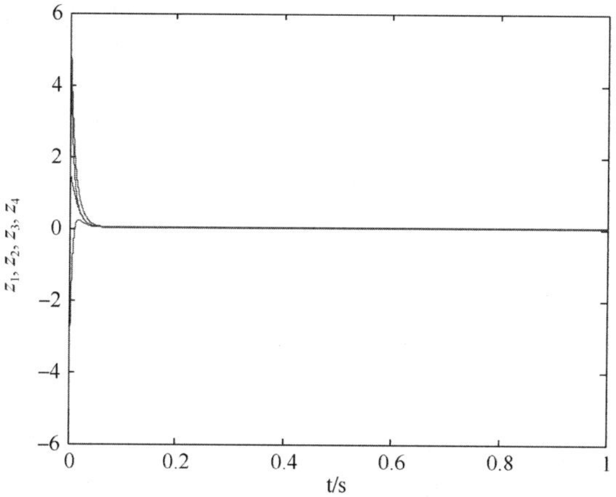

图 7.14　施加控制系统各节点状态变量 z_1, z_2, z_3, z_4 的变化图

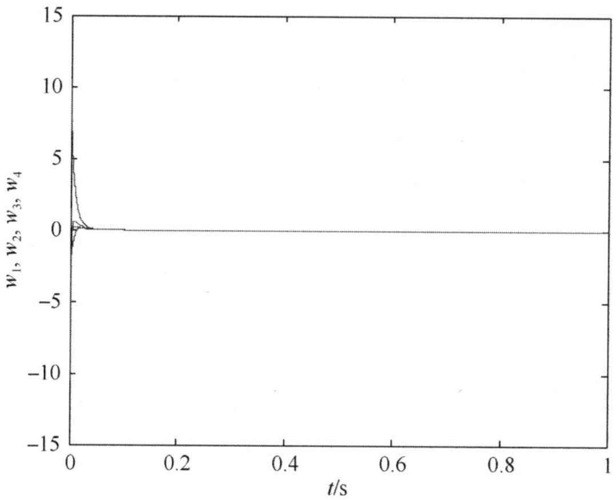

图 7.15　施加控制系统各节点状态变量 w_1, w_2, w_3, w_4 的变化图

第 8 章 分数阶混沌系统

分数阶系统是通过分数阶微积分方程来描述的，而分数阶微积分是研究任意阶次微分、积分问题的，它是一个古老而又新颖的课题[153]。同整数阶微积分几乎同时起源于 300 多年前，1695 年前后，Leibniz 就与 L'Hospital 在信中讨论到 1/2 阶导数的问题，然而，分数阶微积分由于缺乏应用背景支撑等多方面的原因，长期以来并没有得到较多的关注和研究。说其新颖，是因为直到最近 30 年，人们才开始将分数阶微积分应用于实际工程中。

现在，分数阶微积分作为一个有力的数学工具，一些科学家已成功将其应用到多个领域，如混沌系统、信号处理、机器人、地震分析等[154-157]。随着对分数阶微积分理论研究的不断深入，它在力学、生物、控制理论、黏弹性材料、分子扩散论等方面得到了应用，越来越显示了其广阔的发展前景。

本章首先介绍分数阶微积分的不同定义，并对它们进行分析比较，介绍分数阶微积分的基本性质及分数阶微分方程近似计算的数值方法；随后对分数阶微分系统的稳定性进行分析；最后讨论分数阶混沌系统的控制问题，并对相关问题进行数值仿真。

8.1 分数阶微积分

8.1.1 分数阶导数的定义

1. Grünwald-Letnikov 分数阶导数的定义[158]

设函数 $f(x)$ 在区间 $[a,t]$ 内连续，并具有 n 阶连续导数。其各阶向后差商的经典的整数阶导数可以定义为

$$\begin{cases} \dfrac{\mathrm{d}f(t)}{\mathrm{d}t} = \lim\limits_{h\to 0}\dfrac{1}{h}\big(f(t)-f(t-h)\big) \\ \dfrac{\mathrm{d}f^2(t)}{\mathrm{d}t^2} = \lim\limits_{h\to 0}\dfrac{1}{h^2}\big(f(t)-2f(t-h)+f(t-2h)\big) \\ \qquad\qquad \cdots\cdots \\ \dfrac{\mathrm{d}f^n(t)}{\mathrm{d}t^n} = \lim\limits_{h\to 0}\dfrac{1}{h^n}\sum\limits_{k=0}^{n}(-1)^k \mathrm{C}_n^k f(t-kh) \\ \qquad = \lim\limits_{h\to 0}\dfrac{1}{h^n}\sum\limits_{k=0}^{\infty}\dfrac{(-1)^k\Gamma(n+1)}{\Gamma(k+1)\Gamma(n-k+1)}f(t-kh), n\in\mathbf{N} \end{cases} \tag{8.1}$$

式中，当 $k>n$ 时，$\mathrm{C}_n^k=0$。

当用非整数 q 代替整数 n，即将式（8.1）整数阶导数的定义推广到任意阶，可以得到标准的 Grünwald-Letnikov 分数阶导数定义：

$$^{GL}D^q f(t) = \lim_{h\to 0}\frac{1}{h^q}\sum_{k=0}^{\infty}\frac{(-1)^k\Gamma(q+1)}{\Gamma(k+1)\Gamma(q-k+1)}f(t-kh), q>0 \tag{8.2}$$

假设函数 $f(t)$ 定义在区间 $[a,t]$ 上，且 $f(t)=0, \forall t<a$，为了与积分联系起来，假设当 $h\to 0$ 时，$n\to\infty$，为此，把 h 看作区间 $[a,t]$ 的 n 等分长，即 $h=\dfrac{t-a}{n}$，那么 Grünwald-Letnikov 分数阶导数可以写成

$$^{GL}D^q f(t) = \lim_{\substack{h\to 0\\ nh=t-a}}\frac{1}{h^q}\sum_{k=0}^{n}\omega_k^{(q)} f(t-kh) = \lim_{h\to 0}\frac{1}{h^q}\sum_{k=0}^{[(t-a)/h]}\omega_k^{(q)} f(t-kh), q>0 \tag{8.3}$$

式中，$\omega_k^{(q)} = (-1)^k\begin{pmatrix} q \\ k\end{pmatrix} = \dfrac{(-1)^k\Gamma(q+1)}{\Gamma(k+1)\Gamma(q-k+1)}$ 称为 Grünwald-Letnikov 系数。

另外一种所谓的移位 Grünwald-Letnikov 分数阶导数定义为

$$^{GL}D^q f(t)=\lim_{h\to 0}\frac{1}{h^q}\sum_{k=0}^{[(t-a)/h+p]}\omega_k^{(q)} f(t-(k-p)h),q>0 \tag{8.4}$$

2. Riemann-Liouville 分数阶导数的定义

依据定义，计算 Grünwald-Letnikov 导数有不便之处。为了便于计算，人们对 Grünwald-Letnikov 定义进行了改进，得到了 Riemann-Liouville 分数阶导数定义。

为此，先引入整数阶积分的概念，考虑如下的迭代积分：

$$D^{-1}f(t)=\int_0^t f(\tau)\mathrm{d}\tau$$

$$D^{-2}f(t)=\int_0^t \mathrm{d}\tau\int_0^\tau f(\tau_1)\mathrm{d}\tau_1$$

……

$$D^{-n}f(t)=\int_0^t \mathrm{d}\tau\int_0^\tau \mathrm{d}\tau_1\cdots\int_0^{\tau_{n-2}} f(\tau_{n-1})\mathrm{d}\tau_{n-1}$$

……

这些多重迭代积分都可以用如下单重积分形式统一表示：

$$\int_0^t K_n(t,\tau)f(\tau)\mathrm{d}\tau$$

式中，$K_n(t,\tau)$ 的表达式是接下来所要确定的。显然 $K_1(t,\tau)=1$，考虑当 $n=2$ 的情况，此时交换积分顺序可得

$$\int_0^t \mathrm{d}\tau\int_0^\tau f(\tau_1)\mathrm{d}\tau_1=\int_\tau^t \mathrm{d}\tau_1\int_0^t f(\tau)\mathrm{d}\tau=\int_0^t (t-\tau)f(\tau)\mathrm{d}\tau$$

从而，$K_2(t,\tau)=(t-\tau)$。当 $n=3$ 时，

$$\begin{aligned}\int_0^t \mathrm{d}\tau\int_0^\tau \mathrm{d}\tau_1\int_0^{\tau_1} f(\tau_2)\mathrm{d}\tau_2&=\int_0^t \mathrm{d}\tau\int_0^\tau (\tau-\tau_1)f(\tau_1)\mathrm{d}\tau_1\\&=\int_\tau^t (\tau_1-\tau)\mathrm{d}\tau_1\int_0^t f(\tau)\mathrm{d}\tau\\&=\int_0^t \frac{(t-\tau)^2}{2}f(\tau)\mathrm{d}\tau\end{aligned}$$

从而，$K_3(t,\tau)=\dfrac{(t-\tau)^2}{2}$。一般地，利用数学归纳法可得 K_n 的一般表达式：

$$K_n(t,\tau)=\frac{(t-\tau)^{n-1}}{(n-1)!}$$

注意到$\Gamma(n+1)=n\Gamma(n)=n!$，所以可以得到

$$D^{-n}f(t)=\frac{1}{\Gamma(n)}\int_0^t(t-\tau)^{n-1}f(\tau)\mathrm{d}\tau \tag{8.5}$$

设 $f\in \mathrm{C}[0,T]$，则对任意的 $t\in[0,T]$，该积分对任意的 $n\geqslant 1$ 作为黎曼（Riemann）积分存在。当然可以将其推广到$0<n<1$的情形，此时该积分作为广义积分存在。将式（8.5）中的n用任意实数q取代，可以得到 Riemann-Liouville 分数阶积分的定义：

$$_aD^{-q}f(t)=\frac{1}{\Gamma(q)}\int_a^t(t-\tau)^{q-1}f(\tau)\mathrm{d}\tau \tag{8.6}$$

注意：当$_aD^{-q}$中的$a=0$时，可将 Riemann-Liouville 分数阶积分（q阶）记为$_0D^{-q}$或D^{-q}。

Riemann-Liouville 分数阶导数（β阶）定义为

$$_aD^{\beta}f(t)={}_aD^m\,{}_aD^{-\alpha}f(t)=\frac{\mathrm{d}^m}{\mathrm{d}t^m}\left[\frac{1}{\Gamma(\alpha)}\int_a^t(t-\tau)^{\alpha-1}f(\tau)\mathrm{d}\tau\right] \tag{8.7}$$

式中，$\beta=m-\alpha(m-1<\beta\leqslant m)$，$m$为整数。特别地，当$a=-\infty$时，式（8.7）称为 Liouville 分数阶导数。显然，当$t\leqslant a$时，$f(t)=0$，则 Riemann-Liouville 分数阶导数与 Liouville 分数阶导数等价。

3. Caputo 分数阶导数的定义

为了便于对分数阶微分方程初值问题的描述，Caputo 分数阶导数更有效。函数$f(x)$的α阶 Caputo 导数的定义为

$${}_a^CD^{\alpha}f(t)=\frac{1}{\Gamma(n-\alpha)}\int_a^t(t-\tau)^{n-\alpha-1}f^{(n)}(\tau)\mathrm{d}\tau,n-1<\alpha<n \tag{8.8}$$

当$\alpha\to n$时，Caputo 导数退化成通常的n阶导数。事实上，假设$0\leqslant n-1<\alpha<n$，并假设f在$[0,T]$上具有$n+1$阶的有界连续导数，则由定义及分部积分公式可得

$$\begin{aligned}{}^CD^{\alpha}f(t)&=\frac{1}{\Gamma(n-\alpha)}\int_0^t(t-\tau)^{n-\alpha-1}f^{(n)}(\tau)\mathrm{d}\tau\\&=\frac{1}{\Gamma(n-\alpha)}\int_0^t-f^{(n)}(\tau)(n-\alpha)^{-1}\mathrm{d}(t-\tau)^{n-\alpha}\\&=\frac{f^{(n)}(0)t^{n-\alpha}}{\Gamma(n-\alpha+1)}+\int_0^t\frac{(t-\tau)^{n-\alpha}f^{(n+1)}(\tau)}{\Gamma(n-\alpha+1)}\mathrm{d}\tau\end{aligned}$$

对上式取极限可知

$$\lim_{\alpha \to n} {}^{C}D^{\alpha} f(t) = f^{(n)}(0) + \int_0^t f^{(n+1)}(\tau) d\tau = f^{(n)}(t), \quad n = 1, 2, \cdots$$

综上，可将 Caputo 分数阶导数定义为

$${}_a^C D^{\alpha} f(t) = \begin{cases} \dfrac{1}{\Gamma(n-\alpha)} \displaystyle\int_a^t (t-\tau)^{n-\alpha-1} f^{(n)}(\tau) d\tau, & n-1 < \alpha < n \\ f^{(n)}, & \alpha = n \end{cases}$$

式中，n 为整数。这里为了与 Riemann-Liouville 分数阶导数区分，将 Caputo 分数阶导数记为 ${}_a^C D^{\alpha}$，当 $a = 0$ 时，${}_a^C D^{\alpha}$ 简记为 ${}^C D^{\alpha}$。

8.1.2 三种分数阶导数的关系及其与整数阶导数的区别

前面介绍了分数阶导数的 Grünwald-Letnikov 定义、Riemann-Liouville 定义及 Caputo 定义，下面对三种常见的定义做个简单的比较。

1. Riemann-Liouville 定义与 Grünwald-Letnikov 定义的比较

由式（8.2）知，Grünwald-Letnikov 分数阶导数的定义可以表示为

$$\begin{aligned} {}^{GL}D^{\alpha} f(t) &= \lim_{h \to 0} \frac{1}{h^{\alpha}} \sum_{k=0}^{\infty} \frac{(-1)^k \Gamma(\alpha+1)}{\Gamma(k+1)\Gamma(\alpha-k+1)} f(t-kh) \\ &= \frac{1}{\Gamma(\alpha)} \int_a^t (t-\tau)^{\alpha-1} f(\tau) \mathrm{d}\tau \end{aligned} \tag{8.9}$$

进而，利用分部积分可得

$$\begin{aligned} {}^{GL}D^{\alpha} f(t) &= \frac{1}{\Gamma(\alpha)} \int_a^t (t-\tau)^{\alpha-1} f(\tau) \mathrm{d}\tau \\ &= -\frac{1}{\Gamma(\alpha+1)} \int_a^t f(\tau) \mathrm{d}(t-\tau)^{\alpha} \\ &= \frac{1}{\Gamma(\alpha+1)} f(a)(t-a)^{\alpha} - \frac{1}{\Gamma(\alpha+2)} \int_a^t f'(\tau) \mathrm{d}(t-\tau)^{\alpha+1} \\ &= \frac{1}{\Gamma(\alpha+1)} f(a)(t-a)^{\alpha} + \frac{1}{\Gamma(\alpha+1)} f'(a)(t-a)^{\alpha+1} \\ &\quad + \frac{1}{\Gamma(\alpha+2)} \int_a^t (t-\tau)^{\alpha+1} f''(\tau) \mathrm{d}\tau \\ &= \cdots \\ &= \sum_{k=0}^{m} \frac{f^{(k)}(a)(t-a)^{\alpha+k}}{\Gamma(\alpha+k+1)} + \frac{1}{\Gamma(\alpha+m+1)} \int_a^t (t-\tau)^{\alpha+m} f^{(m+1)}(\tau) \mathrm{d}\tau \end{aligned} \tag{8.10}$$

根据式（8.7）中对 β 阶 Riemann-Liouville 分数阶导数的定义，可以写出 α 阶 Riemann-Liouville 分数阶导数为

$$ {}_{a}^{RL}D^{\alpha}f(t) = {}_{a}D^{n}\,{}_{a}D^{-n+\alpha}f(t) = \frac{\mathrm{d}^n}{\mathrm{d}t^n}\left[\frac{1}{\Gamma(n-\alpha)}\int_a^t (t-\tau)^{n-\alpha-1}f(\tau)\mathrm{d}\tau\right] $$

该导数在 $f(x)$ 具有 $m-1$ 阶连续导数，并且 m 至少取 $[a]=n-1$ 的条件下，由式（8.9）和式（8.10）可得

$$ \begin{aligned} {}_{a}^{RL}D^{\alpha}f(t) &= \frac{\mathrm{d}^n}{\mathrm{d}t^n}\left[\frac{1}{\Gamma(n-\alpha)}\int_a^t (t-\tau)^{n-\alpha-1}f(\tau)\mathrm{d}\tau\right] \\ &= \frac{\mathrm{d}^n}{\mathrm{d}t^n}\left[\sum_{k=0}^{m}\frac{f^{(k)}(a)(t-a)^{n-\alpha+k}}{\Gamma(n-\alpha+k+1)} + \frac{1}{\Gamma(n-\alpha+m+1)}\int_a^t (t-\tau)^{n-\alpha+m}f^{(m+1)}(\tau)\mathrm{d}\tau\right] \\ &= \sum_{k=0}^{m}\frac{f^{(k)}(a)\dfrac{\mathrm{d}^n}{\mathrm{d}t^n}(t-a)^{n-\alpha+k}}{\Gamma(n-\alpha+k+1)} + \frac{1}{\Gamma(n-\alpha+m+1)}\int_a^t \frac{\mathrm{d}^n}{\mathrm{d}t^n}(t-\tau)^{n-\alpha+m}f^{(m+1)}(\tau)\mathrm{d}\tau \\ &= \frac{1}{(n-\alpha+m)\Gamma(n-\alpha+m)}\int_a^t (n-\alpha+m)\frac{\mathrm{d}^{n-1}}{\mathrm{d}t^{n-1}}(t-\tau)^{n-\alpha+m-1}f^{(m+1)}(\tau)\mathrm{d}\tau \\ &\quad + \sum_{k=0}^{m}\frac{f^{(k)}(a)\dfrac{\mathrm{d}^{n-1}}{\mathrm{d}t^{n-1}}(t-a)^{n-\alpha+k-1}(n-\alpha+k)}{\Gamma(n-\alpha+k)(n-\alpha+k)} \\ &= \cdots \\ &= \sum_{k=0}^{m}\frac{f^{(k)}(a)(t-a)^{n-\alpha+k-n}}{\Gamma(n-\alpha+k-n+1)} + \frac{1}{\Gamma(n-\alpha+m-n+1)}\int_a^t (t-\tau)^{n-\alpha+m-n}f^{(m+1)}(\tau)\mathrm{d}\tau \\ &= \sum_{k=0}^{m}\frac{f^{(k)}(a)(t-a)^{-\alpha+k}}{\Gamma(-\alpha+k+1)} + \frac{1}{\Gamma(-\alpha+m+1)}\int_a^t (t-\tau)^{-\alpha+m}f^{(m+1)}(\tau)\mathrm{d}\tau \\ &= {}_{a}^{G}D_{t}^{\alpha}f(t) \end{aligned} $$

由此可知，上式在 $f(x)$ 具有 $m+1$ 阶连续导数，并且 m 至少取 $[\alpha]=n-1$ 的条件下 Riemann-Liouville 定义与 Grünwald-Letnikov 定义等价；但无上述条件时，Riemann-Liouville 定义是 Grünwald-Letnikov 定义的扩充，其应用范围更加广泛。而对于物理等许多应用问题，该条件自然能满足，所以通常指这两种分数阶导数等价。

2. Grünwald-Letnikov 定义和 Caputo 定义的比较

由式（8.8）得 Caputo 的定义为

$$ {}_a^C D^\alpha f(t) = \frac{1}{\Gamma(n-\alpha)} \int_a^t (t-\tau)^{n-\alpha-1} f^{(n)}(\tau) \mathrm{d}\tau $$

在 $f(x)$ 具有 $m+1$ 阶连续导数，并且 m 至少取 $[\alpha]=n-1$ 的条件下，不妨假设 $m=n-1$，则 $n=m-1$，再由 $f^{(k)}(a)=0, k=0,1,2,\cdots,n-1$，从而

$$ \begin{aligned} {}_a^C D^\alpha f(t) &= \frac{1}{\Gamma(n-\alpha)} \int_a^t (t-\tau)^{n-\alpha-1} f^{(n)}(\tau) \mathrm{d}\tau \\ &\quad (0 \leqslant n-1 < a < n, n = m+1 \in \mathbf{N}) \\ &= \sum_{k=0}^{m} \frac{f^{(k)}(a)(t-a)^{k-\alpha}}{\Gamma(k-\alpha+1)} + \frac{1}{\Gamma(m-\alpha+1)} \int_a^t (t-\tau)^{m-\alpha} f^{(m+1)}(\tau) \mathrm{d}\tau \\ &= {}_a^G D^\alpha f(t) \end{aligned} $$

由此可知，在 $f(x)$ 具有 $m+1$ 阶连续导数, m 至少取 $[\alpha]=n-1$，且 $f^{(k)}(a)=0, k=0,1,2,\cdots,n-1$ 的条件下二者等价，否则它们不等价。

3. Riemann-Liouville 定义和 Caputo 定义的比较

1）由式（8.6）知，μ 阶 Riemann-Liouville 分数阶积分可写成如下形式：

$$ {}_a D^{-\mu} f(t) = \frac{1}{\Gamma(\mu)} \int_a^t (t-\tau)^{\mu-1} f(\tau) \mathrm{d}\tau $$

利用 R-L 分数阶积分可将 Riemann-Liouville 分数阶导数定义为

$$ \begin{aligned} {}_0^{RL} D_t^v f(t) &= \frac{1}{\Gamma(\mu)} \frac{\mathrm{d}^k}{\mathrm{d}t^k} \int_0^t \frac{f(\tau)\mathrm{d}\tau}{(t-\tau)^{1-\mu}} \\ &= \frac{\mathrm{d}^k}{\mathrm{d}t^k} \left(D^{-\mu} \left(f(t) \right) \right), \quad \mu = k - v > 0 \end{aligned} \tag{8.11} $$

利用 Riemann-Liouville 分数阶积分可将 Caputo 分数阶导数定义为

$$ \begin{aligned} {}_0^C D_t^v f(t) &= \frac{1}{\Gamma(\mu)} \int_0^t \frac{f^{(k)}\mathrm{d}\tau}{(t-\tau)^{1-\mu}} \\ &= D^{-\mu} \left(\frac{\mathrm{d}^k}{\mathrm{d}t^k} f(t) \right), \quad \mu = k - v > 0 \end{aligned} \tag{8.12} $$

2）设 $f(x)$ 具有 $m+1$ 阶连续导数，m 至少取 $[\alpha]=n-1$，那么

$$\begin{aligned} {}^{C}D^{\alpha} f(t) &= {}^{RL}D^{\alpha}\left[f - T_{m+1}[f;a]\right](t) \\ &= {}^{RL}D^{\alpha} f(t) - \sum_{k=0}^{m+1} \frac{f^{(k)}(a)}{\Gamma(k-\alpha+1)}(t-a)^{k-\alpha} \end{aligned} \tag{8.13}$$

式中，$T_{m+1}[f;a]$ 为函数 f 的 $m+1$ 阶 Taylor 多项式：

$$T_{m+1}[f;a] = \sum_{k=0}^{m+1} \frac{(t-a)^k}{k!} f^{(k)}(a)$$

由此可得：①根据式（8.11）和式（8.12）可知它们的求导顺序不一致，在 Riemann-Liouville 分数阶导数定义中是先求分数阶积分，然后求整数阶导数，而 Caputo 导数定义则是先求整数阶导数，然后求分数阶积分；②由①易知，在 $f(x)$ 具有 $m+1$ 阶连续导数，m 至少取 $[\alpha]=n-1$，且 $f^{(k)}(a)=0, k=0,1,2,\cdots,n-1$ 的条件下时，Riemann-Liouville 分数阶导数和 Caputo 分数阶导数等价；③Riemann-Liouville 定义的分数阶微积分对常数求导数是有界的，其值为 0，而 Caputo 定义的分数阶微积分对常数求导数，其值是无界的。

注意：引入 Riemann-Liouville 导数定义，可以简化分数阶导数的计算；而引入 Caputo 导数定义，则可以让其拉普拉斯变换式更简洁，有利于分数阶微分方程的讨论。

4. 分数阶导数和整数阶导数的比较

分数阶导数和整数阶导数最主要的区别：分数阶导数是非局部算子，整数阶导数则为局部算子。整数阶导数反映的是函数在某一点的局部性质，而分数阶导数从定义上看实际上是一种积分，它与函数过去的状态有关，反映的是函数的非局部性质。分数阶导数的这种性质使得它非常适合构造具有记忆、遗传等效应的数学模型。我们也可以从卷积的角度来说明分数阶导数与整数阶导数的区别。

8.1.3 分数阶微积分的基本性质

分数阶微积分有以下几个基本运算性质，在分数阶微积分的运算和工程应用中起着十分重要的作用。

1. 线性性质

若 ${}_aD_t^q(\lambda x(t)) = \lambda\, {}_aD_t^q x(t)$，${}_aD_t^q(\mu y(t)) = \mu\, {}_aD_t^q y(t)$，则

$${}_aD_t^q(\lambda x(t) + \mu y(t)) = \lambda\, {}_aD_t^q x(t) + \mu\, {}_aD_t^q y(t)$$

2. Leibniz 规则

$$ {}_aD_t^q(x(t)y(t))=\sum_{k=0}^{n}\mathrm{C}_q^k x^{(k)}(t)\cdot {}_aD_t^{q-k}y(t) $$

3. 交换律

若 ${}_aD_t^q x(t)$ 存在，${}_aD_t^p x(t)$ 存在，且 $q<0$，$p<0$ 时，则有

$$ {}_aD_t^p({}_aD_t^p x(t))={}_aD_t^q({}_aD_t^p x(t))={}_aD_t^{q+p}x(t) $$

4. 连续性

若 ${}_aD_t^r x(t)$ 存在，则

$$ \lim_{p\to q}{}_aD_t^p x(t)={}_aD_t^q x(t),\quad \forall p,q\in(0,m) $$

8.1.4 分数阶微分方程的近似计算

近年来分数阶导数在描述各类复杂力学与物理行为方面发挥了重要作用，因而对分数阶微分方程的数值算法研究也备受关注。目前，在分数阶常微分方程的数值计算方面，比较成熟高效的算法是预估-校正法。该方法由 Diethelm 等[159]于 2002 年提出，即广义的亚当斯-巴什福斯-莫尔顿（Adams-Bashforth-Moulton）预估-校正有限差分法，这为直接计算分数阶微分方程提供了极大方便。

设具有初值的分数阶微分方程为

$$ \begin{cases}\dfrac{\mathrm{d}^q x}{\mathrm{d}t^q}=f(t,x(t)), & 0\leqslant t<T\\ x^{(k)}(0)=x_0^{(k)}, & k=0,1,\cdots,m-1\end{cases} \tag{8.14} $$

式中，$q\in(m-1,m)$。

与式（8.14）等价的沃尔泰拉（Volterra）积分方程为

$$ x(t)=\sum_{k=0}^{m-1}x_0^{(k)}\frac{t^k}{k!}+\frac{1}{\Gamma(q)}\int_0^t(t-\tau)^{q-1}f(\tau,x(\tau))\mathrm{d}\tau \tag{8.15} $$

若取 $h=\dfrac{T}{N}$，$t_n=nh$，$n=0,1,\cdots,N,N\in\mathbf{Z}^+$，则式（8.15）离散化为差分方程

$$ x_h(t_{n+1})=\sum_{k=0}^{m-1}x_0^{(k)}\frac{t_{n+1}^k}{k!}+\frac{h^q}{\Gamma(q+2)}f(t_{n+1},x_h^q(t_{n+1}))+\frac{h^q}{\Gamma(q+2)}\sum_{i=0}^{n}a_{i,n+1}f(t_i,x_h(t_i)) \tag{8.16} $$

式中，校正系数为

$$ a_{i,n+1}=\begin{cases}n^{q+1}-(n-q)(n+1)^q, & i=0\\ (n-i+2)^{q+1}+(n-i)^{q+1}-2(n-i+1)^{q+1}, & 1\leqslant i\leqslant n\\ 1, & i=n+1\end{cases} $$

从而分数阶方程式（8.14）的初估近似值可表示为

$$x_h^q(t_{n+1}) = \sum_{k=0}^{m-1} x_0^{(k)} \frac{t_{n+1}^k}{k!} + \frac{1}{\Gamma(q)} \sum_{i=0}^{n} b_{i,n+1} f(t_i, x_h(t_i))$$

式中，预估系数为

$$b_{i,n+1} = \frac{h^q}{q}((n-i+1)^q - (n-i)^q)$$

8.2　分数阶系统的稳定性分析

稳定性是系统的一个基本结构特性，是所有控制系统的基础，也是控制理论中的基本概念，同时分析系统的稳定性是设计控制器时的一个首要任务。对于分数阶系统，稳定性的研究也同样重要。

引理 8.1[160]　设 $\boldsymbol{A}$ 为实数矩阵，则分数阶系统

$$D^q x(t) = \boldsymbol{A}x(t)$$

渐近稳定的充分必要条件是

$$\left|\arg(\mathrm{spec}(\boldsymbol{A}))\right| > \frac{\pi q}{2}$$

式中，$\mathrm{spec}(\boldsymbol{A})$ 为矩阵 $\boldsymbol{A}$ 的所有特征值谱。

定理 8.1[161]　分数阶系统

$$D^q x(t) = \boldsymbol{A}x(t)$$

渐近稳定的充分必要条件是系数矩阵 $\boldsymbol{A}$ 所有特征值 λ_j 均满足

$$q\pi/2 < \left|\arg(\lambda_j)\right| < 3q\pi/2$$

式中，$\arg(\lambda_j)$ 为特征值 λ_j 的辐角。

定理 8.2[162]　对分数阶系统

$$D^q x(t) = \boldsymbol{A}(x)x(t)$$

若系数矩阵 $\boldsymbol{A}(x)$ 的任意特征值 λ 满足

$$\left|\arg(\lambda)\right| > q\pi/2$$

则该分数阶系统渐近稳定。

8.3 分数阶混沌系统及控制

1. 分数阶混沌系统

近年来，分数阶混沌系统引起人们广泛的兴趣和深入的研究。在 Lorenz 混沌系统、Duffing 混沌系统、Chua's 混沌电路、Rössler 混沌和超混沌系统及临界混沌系统中，通过数值仿真，发现当系统的阶数为分数时仍出现混沌状态。进而，人们尝试研究分数阶混沌系统的控制与同步问题。下面给出分数阶混沌系统的两个例子。

2008 年，陈向荣等[163]给出了一种分数阶 Liu 混沌系统，其分数阶系统方程为

$$\begin{cases} \dfrac{\mathrm{d}^q x}{\mathrm{d}t^q} = a(y-x) \\ \dfrac{\mathrm{d}^q y}{\mathrm{d}t^q} = bx - 10xz \\ \dfrac{\mathrm{d}^q z}{\mathrm{d}t^q} = -cz + 4x^2 \end{cases}$$

式中，a,b,c 为系统参数。

取参数 $a=10,b=40,c=2.5$，初始值 $x_0=0.1,y_0=0,z_0=0.2$，分数阶阶次 $q=0.9$，利用广义的亚当斯-巴什福斯-莫尔顿预估-校正有限差分法，对分数阶 Liu 混沌系统进行计算，得到方程的数值。图 8.1～图 8.4 是分数阶 Liu 混沌系统曲线的仿真相图，并得出其最大 Lyapunov 指数为 0.0158。

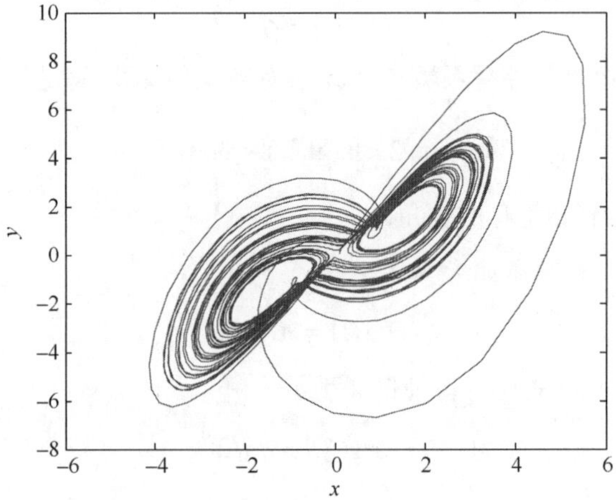

图 8.1　系统解曲线在 xOy 平面的投影

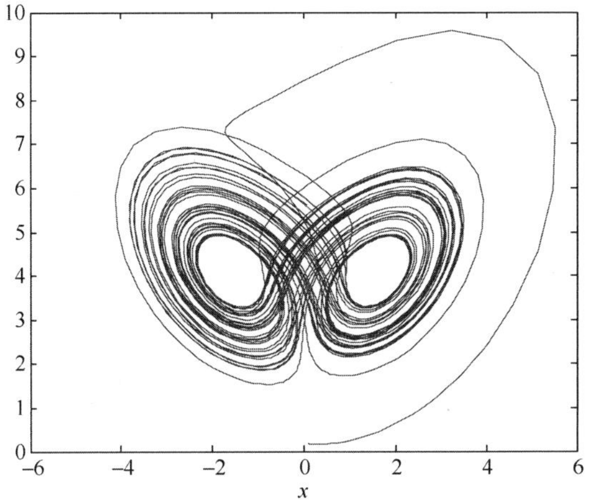

图 8.2　系统解曲线在 *xOz* 平面的投影

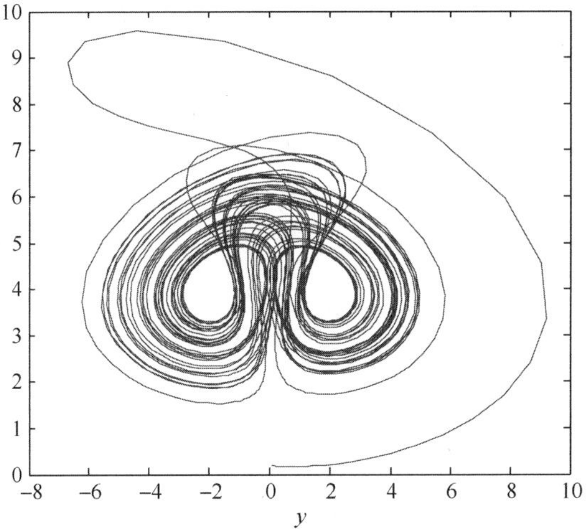

图 8.3　系统解曲线在 *yOz* 平面的投影

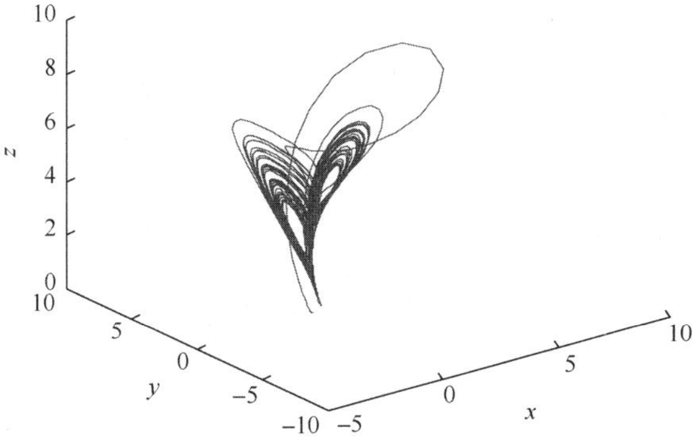

图 8.4　系统解曲线的三维相图

从以上仿真相图可以看到，分数阶 Liu 混沌系统呈现丰富和复杂的混沌动力学行为。

2. 分数阶混沌系统的控制

近几年，针对分数阶的混沌系统的控制问题，人们基于经典的控制混沌的方法，提出了许多关于分数阶混沌系统的控制方法，这里仅讨论基于 Lyapunov 方程的一种控制方法。

如整数阶 Lorenz 系统、 Rössler 系统、 Lü 系统等都可以表示为

$$\frac{\mathrm{d}\boldsymbol{X}}{\mathrm{d}t}=A(\boldsymbol{X})\boldsymbol{X}$$

同样地，在此考虑如下受控分数阶混沌系统：

$$\frac{\mathrm{d}^q\boldsymbol{X}}{\mathrm{d}t^q}=A(\boldsymbol{X})\boldsymbol{X}-\boldsymbol{u}(t) \tag{8.17}$$

式中， $\boldsymbol{X}=(x_1,x_2,\cdots,x_n)$ 是系统状态变量； $A(\boldsymbol{X})$ 是包含变量的系数矩阵； $\boldsymbol{u}(t)$ 是控制项。

为了使受控分数阶混沌系统式(8.17)渐近稳定，令 $\boldsymbol{u}(t)=K(\boldsymbol{X})\boldsymbol{X}$ ，其中 $K(\boldsymbol{X})$ 是一矩阵，则有

$$\frac{\mathrm{d}^q\boldsymbol{X}}{\mathrm{d}t^q}=A_1(\boldsymbol{X})\boldsymbol{X} \tag{8.18}$$

式中， $A_1(\boldsymbol{X})=A(\boldsymbol{X})-K(\boldsymbol{X})$ 。

定理 8.3 对于混沌系统式（8.18），当阶数 $q<1$ 时，如果存在实矩阵 $\boldsymbol{K}$ 能使 $A_1(\boldsymbol{X})$ 对任意状态变量 $\boldsymbol{X}$ 满足以下 Lyapunov 方程

$$A_1(\boldsymbol{X})\boldsymbol{P}+\boldsymbol{P}(A_1(\boldsymbol{X}))^{\mathrm{H}}=-\boldsymbol{Q} \tag{8.19}$$

式中， $\boldsymbol{P}$ 是实对称正定矩阵， $\boldsymbol{Q}$ 是半正定矩阵，则系统是渐近稳定的。

证明 设 λ 为 $A_1(\boldsymbol{X})$ 的任意一个特征值， $\boldsymbol{\xi}$ 为其对应的特征向量，则有

$$A_1(\boldsymbol{X})\boldsymbol{\xi}=\lambda\boldsymbol{\xi} \tag{8.20}$$

对式（8.20）两边取共轭转置，得

$$\boldsymbol{\xi}^{\mathrm{H}}(A_1(\boldsymbol{X}))^{\mathrm{H}}=\bar{\lambda}\boldsymbol{\xi}^{\mathrm{H}} \tag{8.21}$$

从而，有

$$\boldsymbol{\xi}^{\mathrm{H}}(\boldsymbol{P}A_1(\boldsymbol{X})+(A_1(\boldsymbol{X}))^{\mathrm{H}}\boldsymbol{P})\boldsymbol{\xi}=(\lambda+\bar{\lambda})\boldsymbol{\xi}^{\mathrm{H}}\boldsymbol{P}\boldsymbol{\xi} \tag{8.22}$$

容易验证：$\boldsymbol{P}A_1(\boldsymbol{X})+(A_1(\boldsymbol{X}))^{\mathrm{H}}\boldsymbol{P}$ 为厄米特矩阵：

$$\boldsymbol{\xi}^{\mathrm{H}}(\boldsymbol{P}\boldsymbol{A}_1(\boldsymbol{X})+(A_1(\boldsymbol{X}))^{\mathrm{H}}\boldsymbol{P})\boldsymbol{\xi}=\boldsymbol{\xi}^{\mathrm{H}}(-\boldsymbol{Q})\boldsymbol{\xi}\leqslant 0$$

$$\boldsymbol{\xi}^{\mathrm{H}}\boldsymbol{P}\boldsymbol{\xi}>0$$

于是得到

$$\lambda+\bar{\lambda}=\frac{\boldsymbol{\xi}^{\mathrm{H}}(-\boldsymbol{Q})\boldsymbol{\xi}}{\boldsymbol{\xi}^{\mathrm{H}}\boldsymbol{P}\boldsymbol{\xi}}\leqslant 0$$

由上式可知，矩阵 $A_1(\boldsymbol{X})$ 的任意特征值 λ 都满足

$$|\arg(\lambda)|\geqslant\frac{\pi}{2}$$

当 $q<1$ 时，自然有 $|\arg(\lambda)|\geqslant\frac{\pi}{2}>\frac{q\pi}{2}$。

根据定理 8.2，混沌系统式（8.18）是渐近稳定的。

2002 年，Lu 等[164]发现了介于 Lorenz 系统和 Chen 系统之间的一个新系统——Lü 系统，它由如下三维自治方程组来描述：

$$\begin{cases}\dfrac{\mathrm{d}x}{\mathrm{d}t}=a(y-x)\\ \dfrac{\mathrm{d}y}{\mathrm{d}t}=by-xz\\ \dfrac{\mathrm{d}z}{\mathrm{d}t}=-cz+4xy\end{cases}$$

式中，x,y,z 为系统的状态变量；a,b,c 为系统的控制参数。当参数 $a=36$，$b=20$，$c=3$ 时，系统进入混沌状态。

分数阶 Lü 系统可用如下三维自治微分方程组来描述[165]：

$$\begin{cases}\dfrac{\mathrm{d}^{q_1}x}{\mathrm{d}t^{q_1}}=a(y-x)\\ \dfrac{\mathrm{d}^{q_2}y}{\mathrm{d}t^{q_2}}=bx-xz\\ \dfrac{\mathrm{d}^{q_3}z}{\mathrm{d}t^{q_3}}=-cz+xy\end{cases}\tag{8.23}$$

式中，x,y,z 为系统的状态变量；a,b,c 为系统的控制参数。当参数 $a=36$，$b=20$，$c=3$，阶数 $q_1=0.9$，$q_2=0.94$，$q_3=0.96$，初始值 $x(0)=1$，$y(0)=2$，$z(0)=3$ 时，分数阶系统式（8.23）的最大 Lyapunov 指数为 0.5468，可见分数阶系统确实处于混沌状态，其相图如图 8.5～图 8.9 所示。

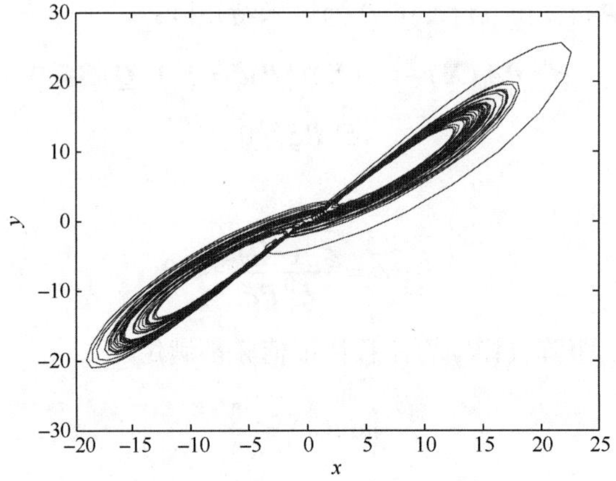

图 8.5　系统解曲线在 xOy 平面的投影

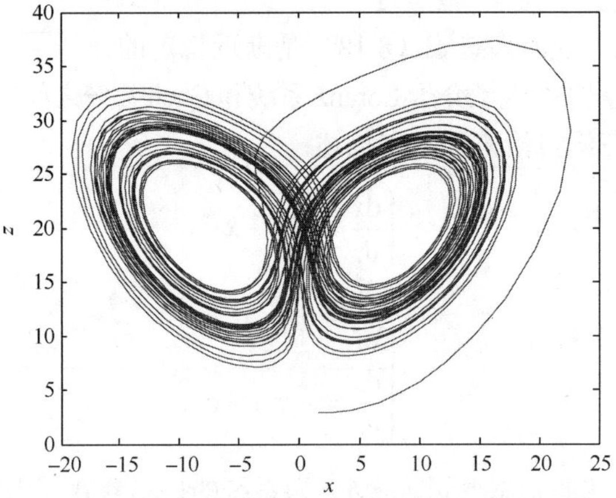

图 8.6　系统解曲线在 xOz 平面的投影

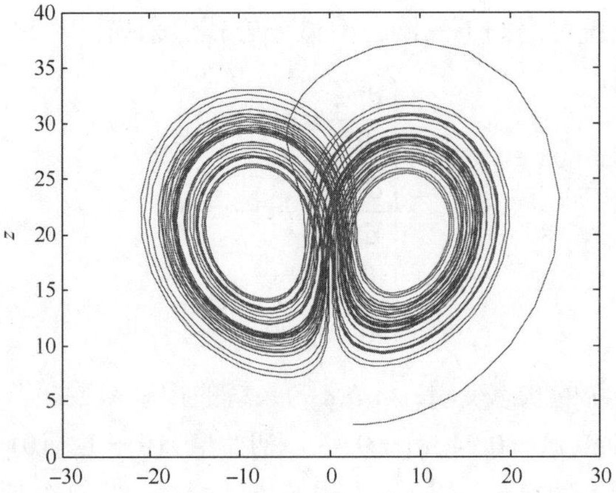

图 8.7　系统解曲线在 yOz 平面的投影

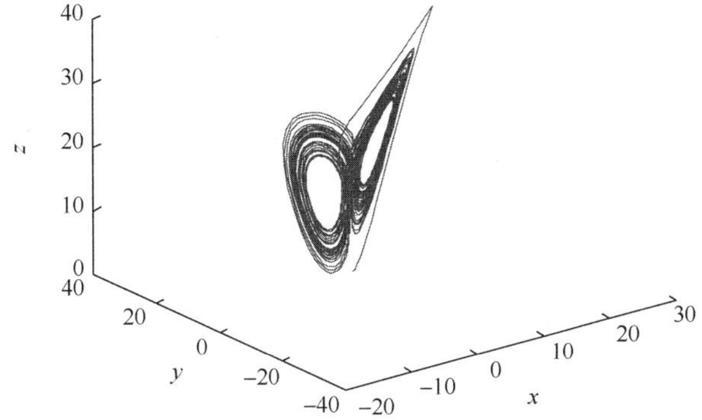

图 8.8　系统解曲线的三维相图

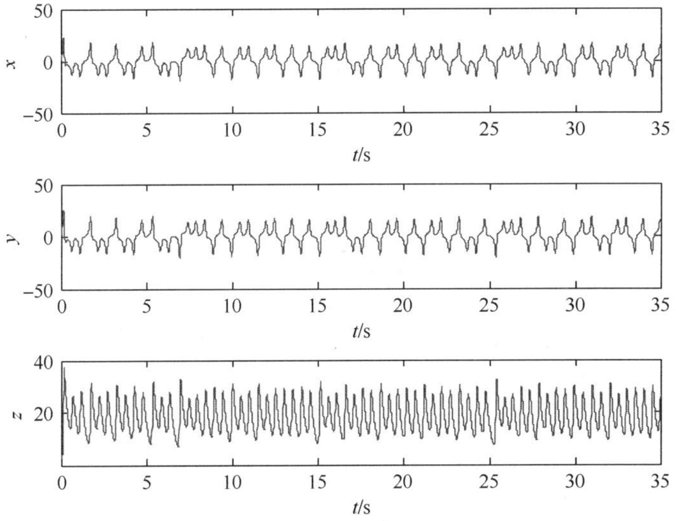

图 8.9　系统解曲线的时变图

为了实现对分数阶 Lü 系统式（8.23）的控制，按式（8.18）把式（8.23）改写为

$$
\boldsymbol{A}_1=\begin{pmatrix}-a & a & 0\\ 0 & b & -x\\ 0 & x & -c\end{pmatrix}+\begin{pmatrix}0 & 0 & 0\\ -a & k & 0\\ 0 & 0 & 0\end{pmatrix}=\begin{pmatrix}-a & a & 0\\ -a & b+k & -x\\ 0 & x & -c\end{pmatrix}
$$

当$b+k<0$时，令

$$\boldsymbol{P}=\begin{pmatrix}1&0&0\\0&1&0\\0&0&1\end{pmatrix}，\boldsymbol{Q}=\begin{pmatrix}-2a&0&0\\0&2(b+k)&0\\0&0&-2c\end{pmatrix}$$

容易验证式（8.19）成立，从而分数阶 Lü 系统式（8.23）是渐近稳定的。

参数 $a=36$, $b=20$, $c=3$ ，阶数 $q_1=0.9$, $q_2=0.94$, $q_3=0.96$ ，初始值 $x(0)=1$, $y(0)=2$, $z(0)=3$ 时，取 $k=-30$ ，在 $t=20\text{s}$ 时加入控制进行仿真实验验证了控制律的有效性，如图 8.10～图 8.12 所示。

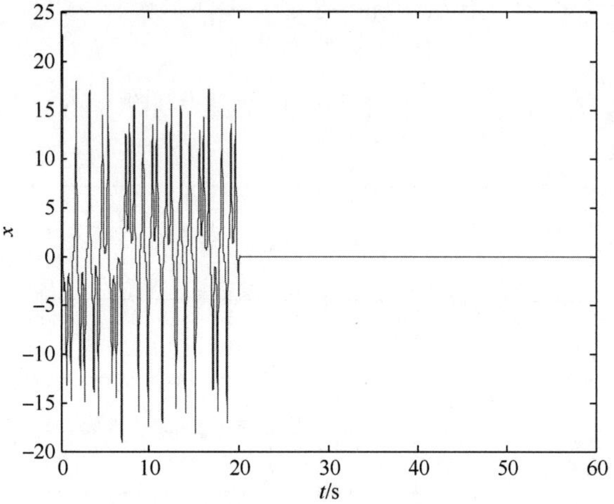

图 8.10　系统解 $x(t)$ 曲线受控前后的时变图

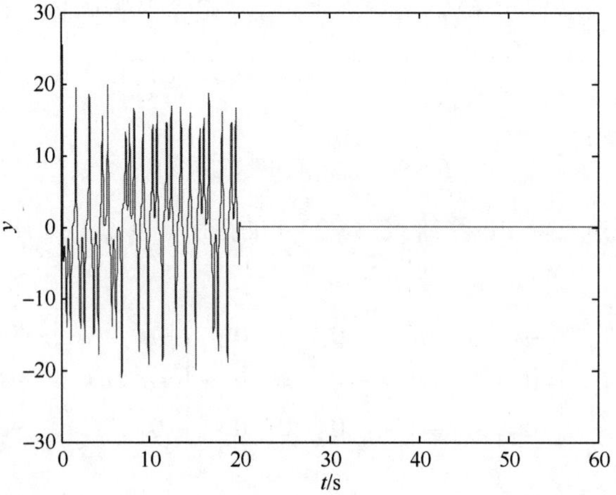

图 8.11　系统解 $y(t)$ 曲线受控前后的时变图

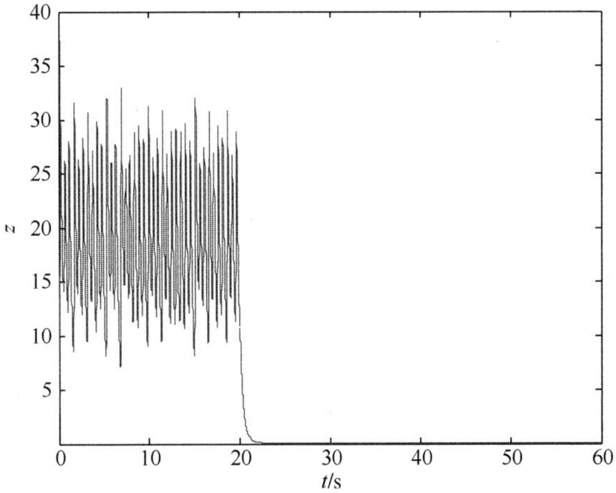

图 8.12　系统解 $z(t)$ 曲线受控前后的时变图

第9章 经济应用问题研究

9.1 金融混沌系统的控制

自20世纪90年代以来，世界性的金融危机不断爆发，对全球经济产生了巨大危害。对金融危机的爆发机理、蔓延规律和防治策略的研究日益受到人们的重视，成为当今世界迫切需要解决的重要问题。近几年，对由利率、投资需求、价格指数组成的一类金融模型的非线性动力学特征的研究受到人们的极大关注，马军海等对该类系统的平衡、稳定周期、分形、Hopf分岔及混沌特征进行了深入的分析[166-169]；周孝华等用平衡点控制法研究了对该类金融混沌系统的控制问题[170]，这些对金融危机的爆发机理的分析有着重要作用。本章将控制理论与经济问题相结合，对该类金融混沌系统，通过求解线性二次最优控制问题获得非线性金融混沌系统的控制律，并利用Lyapunov稳定性理论证明控制策略的可行性。数值研究证明该方法能够有效地控制金融混沌系统的平衡点。

9.1.1 数学模型

经济学中的混沌现象自1985年首次被发现以来，对当今西方主流经济学派产生了巨大的冲击，因为经济系统中出现混沌现象意味着宏观经济运动本身具有内在的不稳定性。黄登仕和李后强[171]建立了一个由生产子块、货币、证券子块和劳动力子块所组成的金融混沌系统：

$$
\begin{cases}
\dot{x}_1 = x_3 + (x_2 - a)x_1 \\
\dot{x}_2 = 1 - bx_2 - x_1^2 \\
\dot{x}_3 = -x_1 - cx_3
\end{cases}
\tag{9.1}
$$

式中，x_1 表示利率；x_2 表示投资需求；x_3 表示价格指数；a（$a \geqslant 0$）为储蓄量；b（$b \geqslant 0$）为投资成本；c（$c \geqslant 0$）为商品需求弹性。

研究表明，当混沌系统式（9.1）中的参数 $b = 0.1, c = 1$，参数 a 满足 $0 < a \leqslant 6.42$ 或 $6.61 < a \leqslant 7.02$ 时，混沌系统式（9.1）的 Lyapunov 指数为正，系统有混沌吸引子。取参数 $a = 6, b = 0.1, c = 1$，初始条件 $\boldsymbol{x}_0 = [2,1,2]^{\mathrm{T}}$，利用 MATLAB 软件模拟式（9.1）的三维相图及状态变量随时间 t 的变化如图 9.1～图 9.4 所示。

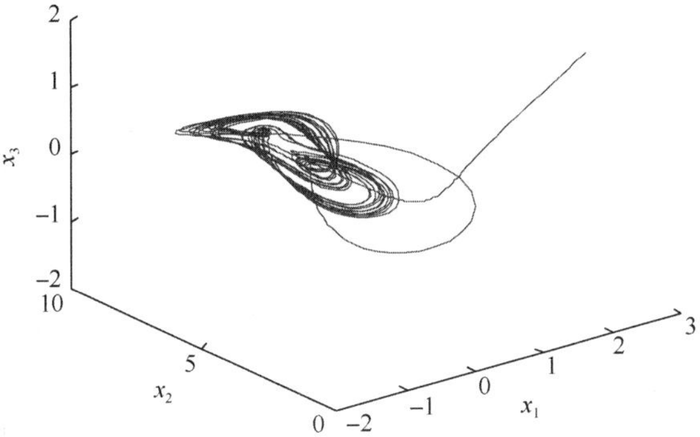

图 9.1　混沌系统式（9.1）的三维相图

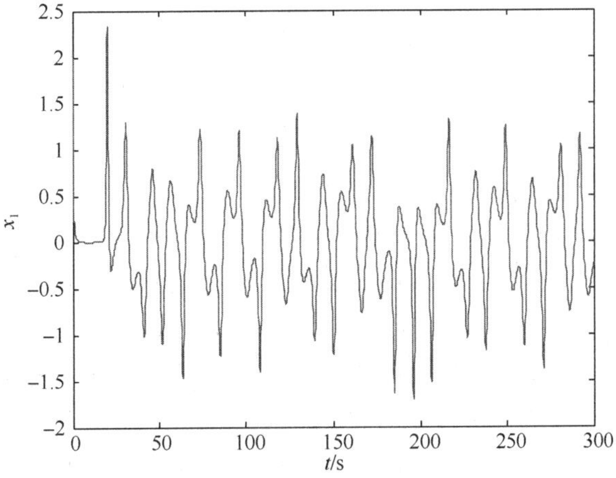

图 9.2　状态变量 x_1 随时间 t/s 的变化图

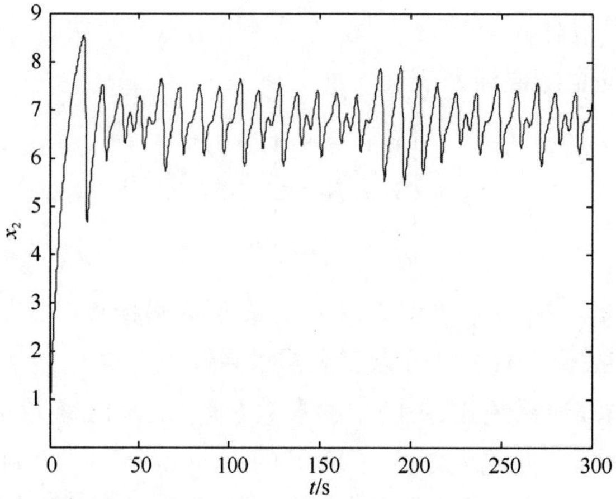

图 9.3　状态变量 x_2 随时间 t/s 的变化图

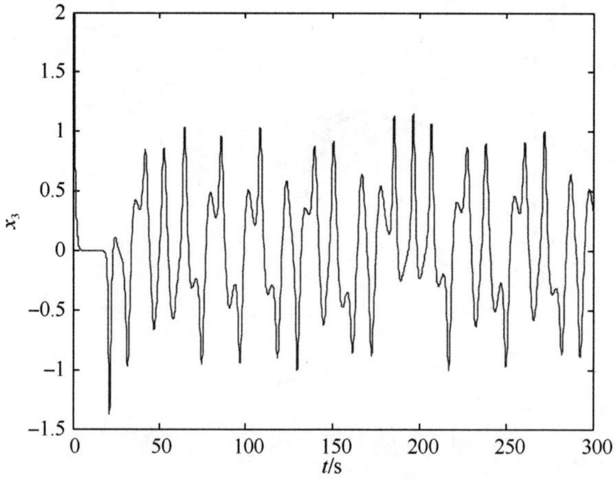

图 9.4　状态变量 x_3 随时间 t/s 的变化图

9.1.2 控制律设计

考虑一般受控金融混沌系统

$$\dot{\boldsymbol{x}} = f(\boldsymbol{x}) + \boldsymbol{B}\boldsymbol{u} \tag{9.2}$$

式中，$\boldsymbol{x} \in \mathbf{R}^n$ 是状态向量；$f(\boldsymbol{x}) \in \mathbf{R}^n$ 是连续可微函数，不妨设 $\boldsymbol{x} = \mathbf{0}$ 为系统的一个平衡点；$\boldsymbol{B} \in \mathbf{R}^{n\times m}$ 是一个常数矩阵；$\boldsymbol{u} \in \mathbf{R}^m$ 是控制向量。

本节的分析目的是对混沌系统式（9.2）寻找控制律 $\boldsymbol{u}$，使混沌系统式（9.2）稳定。对混沌系统式（9.2）中的非线性函数 $f(\boldsymbol{x})$，根据 Taylor 定理有

$$f(\boldsymbol{x}) = f(\mathbf{0}) + \frac{\partial f}{\partial \boldsymbol{x}}(\mathbf{0})\boldsymbol{x} + g(\boldsymbol{x})$$

式中，$g(\boldsymbol{x})$ 满足 $\lim\limits_{\|\boldsymbol{x}\|\to 0}\dfrac{\|g(\boldsymbol{x})\|}{\|\boldsymbol{x}\|}=0$，$\|\cdot\|$ 是向量 2-范数。由于 $f(\mathbf{0})=\mathbf{0}$，故式（9.2）变为

$$\dot{\boldsymbol{x}}=\boldsymbol{A}\boldsymbol{x}+g(\boldsymbol{x})+\boldsymbol{B}\boldsymbol{u}$$

式中，$\boldsymbol{A}=\dfrac{\partial f}{\partial \boldsymbol{x}}(\mathbf{0})$。

为了获得混沌系统式（9.2）的最优控制律，考虑如下二次型最优控制问题：

$$\begin{cases}\min\limits_{\boldsymbol{u}}\ \boldsymbol{J}\\ \text{s.t.}\quad \dot{\boldsymbol{y}}=\boldsymbol{A}\boldsymbol{y}+\boldsymbol{B}\boldsymbol{u}\end{cases} \tag{9.3}$$

式中，$\boldsymbol{J}=\dfrac{1}{2}\int_0^{\infty}[\boldsymbol{y}^{\mathrm{T}}\boldsymbol{Q}\boldsymbol{y}+\boldsymbol{u}^{\mathrm{T}}\boldsymbol{R}\boldsymbol{u}]\mathrm{d}t$；$\boldsymbol{B}\in \boldsymbol{R}^{n\times m}$ 与式（9.2）中相同；$\boldsymbol{Q}\in \mathbf{R}^{n\times n},\boldsymbol{R}\in \mathbf{R}^{m\times m}$，均为正定对称矩阵，且 $\{\boldsymbol{A},\boldsymbol{B}\}$ 完全可控；$\boldsymbol{u}\in \boldsymbol{R}^{m}$ 是控制向量。

由线性二次型最优控制理论可知，由式（9.3）描述的问题的最优控制律为

$$\boldsymbol{u}^{*}=-\boldsymbol{R}^{-1}\boldsymbol{B}^{\mathrm{T}}\boldsymbol{P}\boldsymbol{y} \tag{9.4}$$

式中，$\boldsymbol{P}$ 是 Riccati 方程

$$\boldsymbol{P}\boldsymbol{A}+\boldsymbol{A}^{\mathrm{T}}\boldsymbol{P}-\boldsymbol{P}\boldsymbol{B}\boldsymbol{R}^{-1}\boldsymbol{B}^{\mathrm{T}}\boldsymbol{P}+\boldsymbol{Q}=\mathbf{0} \tag{9.5}$$

的解。

令

$$\boldsymbol{u}=-\boldsymbol{R}^{-1}\boldsymbol{B}^{\mathrm{T}}\boldsymbol{P}\boldsymbol{x} \tag{9.6}$$

以 $\boldsymbol{u}=-\boldsymbol{R}^{-1}\boldsymbol{B}^{\mathrm{T}}\boldsymbol{P}\boldsymbol{x}$ 作为控制律施于混沌系统式（9.2）后，式（9.2）变为

$$\dot{\boldsymbol{x}}=(\boldsymbol{A}-\boldsymbol{B}\boldsymbol{R}^{-1}\boldsymbol{B}^{\mathrm{T}}\boldsymbol{P})\boldsymbol{x}+g(\boldsymbol{x}) \tag{9.7}$$

下面证明控制律 $\boldsymbol{u}=-\boldsymbol{R}^{-1}\boldsymbol{B}^{\mathrm{T}}\boldsymbol{P}\boldsymbol{x}$ 使混沌系统式（9.2）稳定。

定理 9.1　由式（9.7）描述的系统在原点是渐近稳定的。

证明　由 $\boldsymbol{Q}\in \mathbf{R}^{n\times n},\boldsymbol{R}\in \mathbf{R}^{m\times m}$ 是正定对称矩阵，Riccati 方程式（9.5）的解 $\boldsymbol{P}$ 为正定的。

对混沌系统式（9.7），取 Lyapunov 函数为 $V(t)=\boldsymbol{x}^{\mathrm{T}}\boldsymbol{P}\boldsymbol{x}$，则 $V(t)$ 沿系统轨线的导数为

$$\begin{aligned}\dot{V}&=[(\boldsymbol{A}-\boldsymbol{B}\boldsymbol{R}^{-1}\boldsymbol{B}^{\mathrm{T}}\boldsymbol{P})\boldsymbol{x}+g(\boldsymbol{x})]^{\mathrm{T}}\boldsymbol{P}\boldsymbol{x}+\boldsymbol{x}^{\mathrm{T}}\boldsymbol{P}[(\boldsymbol{A}-\boldsymbol{B}\boldsymbol{R}^{-1}\boldsymbol{B}^{\mathrm{T}}\boldsymbol{P})\boldsymbol{x}+g(\boldsymbol{x})]\\&=\boldsymbol{x}^{\mathrm{T}}(\boldsymbol{P}\boldsymbol{A}+\boldsymbol{A}^{\mathrm{T}}\boldsymbol{P}-\boldsymbol{P}\boldsymbol{B}\boldsymbol{R}^{-1}\boldsymbol{B}^{\mathrm{T}}\boldsymbol{P})\boldsymbol{x}+\boldsymbol{x}^{\mathrm{T}}(-\boldsymbol{P}\boldsymbol{B}\boldsymbol{R}^{-1}\boldsymbol{B}^{\mathrm{T}}\boldsymbol{P})\boldsymbol{x}+2\boldsymbol{x}^{\mathrm{T}}\boldsymbol{P}g(\boldsymbol{x})\\&=\boldsymbol{x}^{\mathrm{T}}(-\boldsymbol{Q})\boldsymbol{x}+2\boldsymbol{x}^{\mathrm{T}}\boldsymbol{P}g(\boldsymbol{x})+\boldsymbol{x}^{\mathrm{T}}(-\boldsymbol{P}\boldsymbol{B}\boldsymbol{R}^{-1}\boldsymbol{B}^{\mathrm{T}}\boldsymbol{P})\boldsymbol{x}\end{aligned}$$

令

$$V_1 = \boldsymbol{x}^{\mathrm{T}}(-\boldsymbol{Q})\boldsymbol{x} + 2\boldsymbol{x}^{\mathrm{T}}\boldsymbol{P}g(\boldsymbol{x}), \quad V_2 = \boldsymbol{x}^{\mathrm{T}}(-\boldsymbol{PBR}^{-1}\boldsymbol{B}^{\mathrm{T}}\boldsymbol{P})\boldsymbol{x}$$

显然$V_2 \leqslant 0$，所以只要$V_1 \leqslant 0$时，$\dot{V} \leqslant 0$。

由函数$g(\boldsymbol{x})$满足$\lim\limits_{\|\boldsymbol{x}\|\to 0} \dfrac{\|g(\boldsymbol{x})\|}{\|\boldsymbol{x}\|} = 0$，有$\forall \varepsilon > 0, \exists \delta > 0$，当$\|\boldsymbol{x}\| < \delta$时，

$$\frac{\|g(\boldsymbol{x})\|}{\|\boldsymbol{x}\|} < \varepsilon$$

因此，对于任意的$\varepsilon > 0$，$\|g(\boldsymbol{x})\| < \varepsilon\|\boldsymbol{x}\|$，$\forall \|\boldsymbol{x}\| < \delta$

又
$$\boldsymbol{x}^{\mathrm{T}}\boldsymbol{Q}\boldsymbol{x} \geqslant \lambda_{\min}(\boldsymbol{Q})\|\boldsymbol{x}\|^2$$

$$\begin{aligned} 2\boldsymbol{x}^{\mathrm{T}}\boldsymbol{P}g(\boldsymbol{x}) &\leqslant 2\left|\boldsymbol{x}^{\mathrm{T}}\boldsymbol{P}g(\boldsymbol{x})\right| \leqslant 2\left\|\boldsymbol{x}^{\mathrm{T}}\boldsymbol{P}\right\| \cdot \|g(\boldsymbol{x})\| \\ &= 2\sqrt{\boldsymbol{x}^{\mathrm{T}}\boldsymbol{PPx}} \cdot \|g(\boldsymbol{x})\| \leqslant 2\sqrt{\lambda_{\max}(\boldsymbol{P}^2)} \cdot \|\boldsymbol{x}\| \cdot \|g(\boldsymbol{x})\| \end{aligned}$$

式中，$\lambda_{\min}(\cdot)$表示矩阵的最小特征值；$\lambda_{\max}(\cdot)$表示矩阵的最大特征值。注意，由于$\boldsymbol{Q}$和$\boldsymbol{P}$都是对称且正定的，所以$\lambda_{\min}(\boldsymbol{Q})$和$\lambda_{\max}(\boldsymbol{P}^2)$为正实数，因此

$$V_1 < -[\lambda_{\min}(\boldsymbol{Q}) - 2\varepsilon\lambda_{\max}(\boldsymbol{P}^2)]\|\boldsymbol{x}\|^2, \quad \forall \|\boldsymbol{x}\| < \delta$$

由于$\lambda_{\min}(\boldsymbol{Q})$及$\lambda_{\max}(\boldsymbol{P}^2)$是确定的量，所以存在正数$\varepsilon$，满足$\varepsilon < \dfrac{\lambda_{\min}(\boldsymbol{Q})}{2\lambda_{\max}(\boldsymbol{P}^2)}$，以保证$V_1$负定，从而$\dot{V} \leqslant 0$。由 Lyapunov 稳定性定理可知，原点是渐近稳定的。定理证毕。

9.1.3 数值仿真

根据前面的讨论，我们获得了对金融混沌系统进行控制的算法：

步骤 1：取矩阵$\boldsymbol{B}$，使$\{\boldsymbol{A}, \boldsymbol{B}\}$能控；

步骤 2：根据式（9.5）求解 Riccati 方程得到正定矩阵$\boldsymbol{P}$；

步骤 3：根据式（9.6）计算控制律$\boldsymbol{u}$；

步骤 4：把控制律$\boldsymbol{u}$施于混沌系统式（9.2），得到受控混沌系统$\dot{\boldsymbol{x}} = f(\boldsymbol{x}) + \boldsymbol{Bu}$。

对金融混沌系统式（9.1），取$\boldsymbol{B}$为三阶单位矩阵，则受控金融混沌系统为

$$\begin{cases} \dot{x}_1 = x_3 + (x_2 - a)x_1 + u_1 \\ \dot{x}_2 = 1 - bx_2 - x_1^2 + u_2 \\ \dot{x}_3 = -x_1 - cx_3 + u_3 \end{cases}$$

取$a = 6,\ b = 0.1,\ c = 1$，则式（9.1）在平衡点的 Jacobi 矩阵为

$$A=\begin{pmatrix}4 & 0 & 1\\ 0 & -0.1 & 0\\ -1 & 0 & -1\end{pmatrix}$$

取 $\boldsymbol{R}=\begin{pmatrix}1 & 0 & 0\\ 0 & 1 & 0\\ 0 & 0 & 1\end{pmatrix}$，$\boldsymbol{Q}=\begin{pmatrix}1 & 0 & 0\\ 0 & 4 & 0\\ 0 & 0 & 20\end{pmatrix}$，根据式（9.5）求解 Riccati 方程得到正定矩阵 $\boldsymbol{P}$ 为

$$\boldsymbol{P}=\begin{pmatrix}7.9691 & 0 & 0.4988\\ 0 & 1.9025 & 0\\ 0.4988 & 0 & 3.6636\end{pmatrix}$$

根据式（9.6）计算控制律 $\boldsymbol{u}$，得

$$\boldsymbol{u}=-\boldsymbol{R}^{-1}\boldsymbol{B}^{\mathrm{T}}\boldsymbol{P}\boldsymbol{x}=\begin{pmatrix}-7.9691 & 0 & -0.4988\\ 0 & -1.9025 & 0\\ -0.4988 & 0 & -3.6636\end{pmatrix}\boldsymbol{x}$$

选取初始值为 $\boldsymbol{x}=(2,1,2)^{\mathrm{T}}$。为了比较，在 $t=100\mathrm{s}$ 时施加控制，由仿真结果看到在未加控制前系统是混沌的，然而在施加控制后混沌系统很快走向平衡点。图 9.5～图 9.7 是金融混沌系统在受控前后状态变量随时间 t 的变化图。

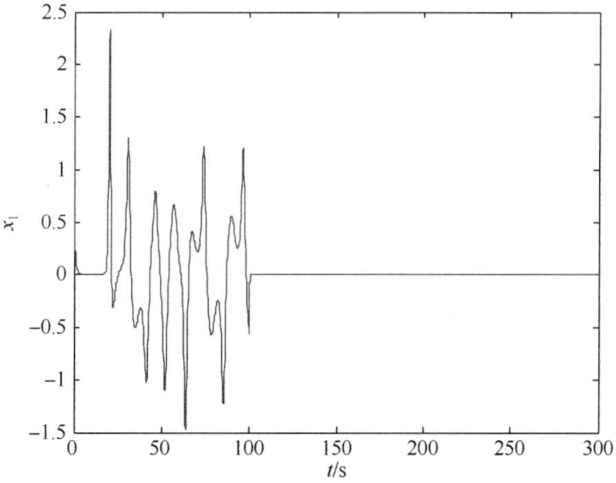

图 9.5　x_1 随时间 t 的变化图

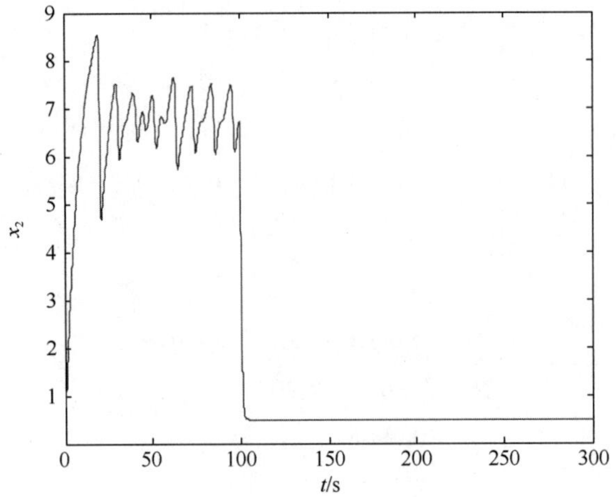

图 9.6　x_2 随时间 t 的变化图

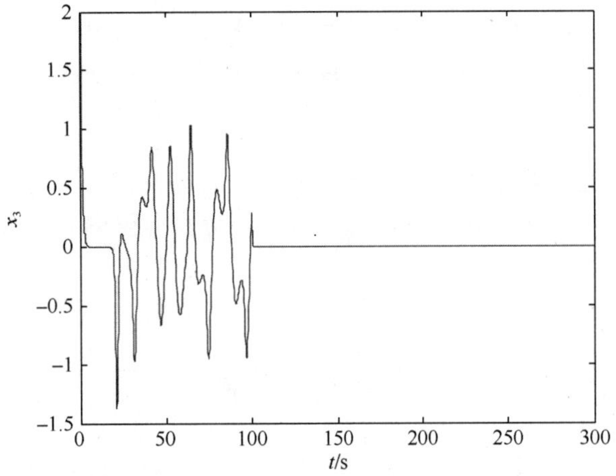

图 9.7　x_3 随时间 t 的变化图

9.2 房地产投资系统混沌同步

混沌理论自 20 世纪 80 年代被应用于经济领域以来，由于其突破了经典经济学的思维方式，拓宽了人们对现实经济问题研究的视野，能够揭示貌似随机的经济现象背后的有序结构和规律性，因此受到众多学者的关注。如果经济系统具有混沌特征，那么这种经济系统会产生较大幅度的波动，研究人员一方面应用混沌理论来分析经济数据，希望找到经济波动背后的规律性[172]；另一方面将混沌理论用于研究经济增长与经济周期，对传统的经济增长与经济周期理论做出新的解释[173-175]。

房地产投资作为宏观经济系统中的主要要素，对经济发展起着不可估量的作用，而实现投资要素合理组合与经济协调发展的目标更是一个动态的非线性过程。近年来应用非线性动力学的分岔、分形和混沌理论与方法分析房地产投资的动态行为受到人们的关注[176-179]。文献[177]以投资规模、投资结构和融资成本三个资本要素建立房地产投资的资本驱动 Lorenz 系统，从增长速度、增长质量和增长性质三个方面建立经济增长的目标要素响应 Lorenz 系统，依据响应系统的条件 Lyapunov 指数研究了两个系统的混沌同步。然而，该方法只适用于响应系统的参数已知的情况。在实际系统中，响应系统的参数一般是未知的。因此，在参数未知的情况下实现房地产投资驱动与经济增长响应混沌系统的同步更具有实际意义[180,181]。

本节针对经济增长的目标要素 Lorenz 系统参数未知时，房地产投资驱动与经济增长响应系统的同步问题，根据 Lyapunov 稳定性理论和自适应控制方法，给出两个系统渐近同步的一个充分条件和自适应控制律，理论证明和数值模拟均验证方法的正确性和有效性。

9.2.1 系统描述

房地产投资作为宏观经济中重要的组成部分，不可避免地也具有混沌特性，是一个复杂的混沌经济系统。实现投资要素合理组合与经济可持续协调发展的目标也会是一个动态的混沌过程，只有引入混沌经济理论，才能建立符合实际情况的经济模型。房地产投资的资本系统可用 Lorenz 方程组描述[177]，其具体形式如下：

$$\begin{cases}\dot{x}_1=\sigma(x_2-x_1)\\ \dot{x}_2=rx_1-x_2-x_1x_3\\ \dot{x}_3=-bx_3+x_1x_2\end{cases}\tag{9.8}$$

式中，x_1 为投资规模；x_2 为投资结构；x_3 为融资成本；σ 为房地产投资规模与经济增长之间的非线性关联度；r 为房地产投资的投资结构与经济增长之间的非线性关联度；b 为房地产投资的融资成本与经济增长之间的非线性关联度；σ,r,b 均为系统参数。

经济增长的目标要素系统可用 Lorenz 方程组来描述[177]，其具体形式如下：

$$\begin{cases}\dot{y}_1=\hat{\sigma}(y_2-y_1)\\ \dot{y}_2=\hat{r}y_1-y_2-y_1y_3\\ \dot{y}_3=-\hat{b}y_3+y_1y_2\end{cases}\tag{9.9}$$

式中，y_1 为经济增长的速度；y_2 为经济增长的质量；y_3 为经济增长的性质；系统参数 $\hat{\sigma},\hat{r},\hat{b}$ 的含义与式（9.8）中 σ,r,b 的含义相同。

9.2.2 控制律设计

在一定条件下，投资是经济增长的决定因素，可将房地产投资作为驱动系统，将经济增长作为响应系统。房地产投资就是房地产投资的资本驱动系统与经济增长的目标要素响应系统之间混沌同步作用的复杂过程，二者混沌同步作用的结果是实现房地产投资与经济的可持续协调发展。将式（9.8）作为驱动系统，式（9.9）作为响应系统，即受控的响应系统为

$$\begin{cases}\dot{y}_1=\hat{\sigma}(y_2-y_1)+u_1\\ \dot{y}_2=\hat{r}y_1-y_2-y_1y_3+u_2\\ \dot{y}_3=-\hat{b}y_3+y_1y_2+u_3\end{cases}\tag{9.10}$$

式中，$\hat{\sigma},\hat{r},\hat{b}$ 分别是对未知参数 σ,r,b 的估计且均为可微函数；u_1,u_2,u_3 为待设计的非线性控制律。

我们的目标是设计适当的控制律 u_1,u_2,u_3，使得响应系统式（9.10）与驱动系统式（9.8）达到同步，即当 $t\to\infty$ 时，同步误差 $e_i\to 0,\ e_i=y_i-x_i(i=1,2,3)$。

由式（9.8）与式（9.10），可得驱动系统式（9.8）与响应系统式（9.10）同步误差系统为

$$\begin{cases}\dot{e}_1=\hat{\sigma}(y_2-y_1)-\sigma(x_2-x_1)+u_1\\ \dot{e}_2=\hat{r}y_1-y_2-y_1y_3-rx_1+x_2+x_1x_3+u_2\\ \dot{e}_3=-\hat{b}y_3+y_1y_2+bx_3-x_1x_2+u_3\end{cases}\tag{9.11}$$

现设计控制律为

$$\begin{cases}u_1=-ke_1+(x_2-x_1-y_2+y_1)\hat{\sigma}\\ u_2=-ke_2-x_2-x_1x_3+y_2+y_1y_3+(x_1-y_1)\hat{r}\\ u_3=-ke_3+x_1x_2-y_1y_2+(-x_3+y_3)\hat{b}\end{cases}\tag{9.12}$$

式中，$k>0$ 为控制增益，对未知参数 σ,r,b 的估计 $\hat{\sigma},\hat{r},\hat{b}$ 的更新律分别为

$$\begin{cases}\dot{\hat{\sigma}}=-(x_2-x_1)e_1\\ \dot{\hat{r}}=-x_1e_2\\ \dot{\hat{b}}=x_3e_3\end{cases}\tag{9.13}$$

下面给出响应系统式（9.10）与驱动系统式（9.8）全局渐近同步的一个充分条件。

定理 9.2 对于任意初始条件，在自适应控制律式（9.12）和参数更新律式（9.13）作用下，响应系统式（9.10）与驱动系统式（9.8）是全局渐近同步的。

证明　将式（9.12）代入式（9.11），同步误差动态方程变为

$$\begin{cases}\dot{e}_1=-ke_1+(x_2-x_1)(\hat{\sigma}-\sigma)\\ \dot{e}_2=-ke_2+x_1(\hat{r}-r)\\ \dot{e}_3=-ke_3-x_3(\hat{b}-b)\end{cases} \tag{9.14}$$

取 Lyapunov 函数为

$$V(t)=\frac{1}{2}\left[\sum_{i=1}^{3}e_i^2+(\hat{\sigma}-\sigma)^2+(\hat{r}-r)^2+(\hat{b}-b)^2\right]$$

则 V 沿式（9.14）和式（9.13）对时间 t 的导数为

$$\begin{aligned}\dot{V}(t)&=\sum_{i=1}^{3}e_i\dot{e}_i+(\hat{\sigma}-\sigma)\dot{\hat{\sigma}}+(\hat{r}-r)\dot{\hat{r}}+(\hat{b}-b)\dot{\hat{b}}\\&=-k\sum_{i=1}^{3}e_i^2\leqslant 0\end{aligned}$$

显然，$\dot{V}(t)$ 是半负定函数，$V(t)$ 是正定函数，所以 $e_1,e_2,e_3\in L_\infty$，$\hat{\sigma},\hat{r},\hat{b}\in L_\infty$。由式（9.14）可知，$\dot{e}_1,\dot{e}_2,\dot{e}_3\in L_\infty$。

又

$$\int_0^t\sum_{i=1}^{3}\mathrm{e}_\mathrm{i}^2\mathrm{d}t=\frac{1}{k}\int_0^t-\dot{V}(t)\mathrm{d}t=\frac{1}{k}(V(0)-V(t))\leqslant\frac{1}{k}V(0)$$

所以，$e_1,e_2,e_3\in L_2$。根据 Barbalat 引理得

$$\lim_{t\to\infty}|e_i|=0,\quad i=1,2,3$$

即响应系统式（9.10）与驱动系统式（9.8）全局渐近同步。证毕。

9.2.3 数值仿真

采用 Runge-Kutta 方法，运用 MATLAB 软件进行数值模拟，以验证本节提出的方法的正确性和控制律的有效性。在数值模拟时，选取未知参数 $\sigma=10,r=28,b=8/3$，控制增益 $k=5$。取驱动与响应系统状态变量的初始值 $\boldsymbol{x}(0)=[0.8,\ -0.1,\ 0.23]^\mathrm{T}$，$\boldsymbol{y}(0)=[0.2,0.6,0.1]^\mathrm{T}$，响应系统式（9.10）的初始参数 $[\hat{\sigma}(0),\hat{r}(0),\hat{b}(0)]^\mathrm{T}=[15,5,5]^\mathrm{T}$，同步误差系统状态变量的初始值 $\boldsymbol{e}(0)=[5,10,10]^\mathrm{T}$，模拟结果如图 9.8 和图 9.9 所示。由图 9.8 可见，随着时间 t 的增加，驱动系统式（9.8）与响应系统式（9.10）的同步误差渐近趋于零。由图 9.9 可见，参数 $\hat{\sigma},\hat{r},\hat{b}$ 的值分别渐近地稳定在 $10,28,8/3$。可见，利用由式（9.13）给出的参数更新规则，能够在实现混沌系统同步的同时辨识出响应系统的位置参数。

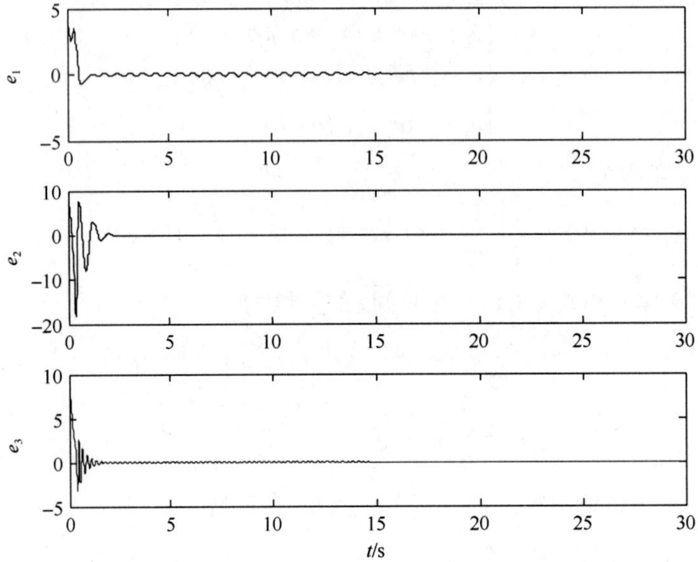

图 9.8 驱动系统式（9.8）与响应系统式（9.10）的同步误差曲线

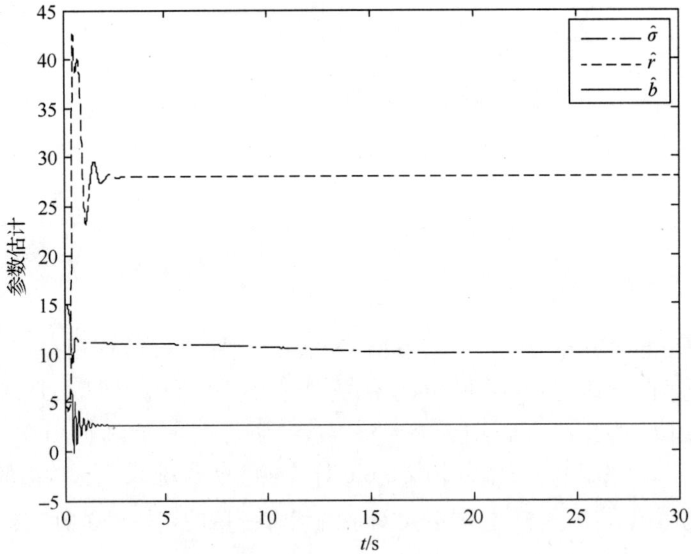

图 9.9 响应系统式（9.10）的参数 $\hat{\sigma},\hat{r},\hat{b}$ 的辨识过程

参 考 文 献

[1] 克劳斯·迈因策尔．复杂性中的思维：物质、精神和人类的复杂动力学[M]．曾国屏，译．北京：中央编译出版社，1999．

[2] 金吾伦，郭元林．复杂性科学及其演变[J]．复杂系统与复杂性科学，2004，1(1)：1-5．

[3] 米歇尔·沃尔德罗普．复杂：诞生于秩序与混沌边缘的科学[M]．陈玲，译．北京：生活·读书·新知三联书店，1997．

[4] 于景元，周晓纪．综合集成方法与总体设计部[J]．复杂系统与复杂性科学，2004，1(1)：20-26．

[5] 李耀东，崔霞，戴汝为．综合集成研讨厅的理论框架、设计与实现[J]．复杂系统与复杂性科学，2004，1(1)：27-32．

[6] 詹姆斯·格莱克．混沌：开创新科学[M]．张淑誉，译．上海：上海译文出版社，1990．

[7] 王东生，曹磊．混沌、分形及其应用[M]．北京：中国科学技术大学出版社，1995．

[8] 吴祥兴，陈忠．混沌学导论[M]．上海：上海科学技术文献出版社，1997．

[9] LORENZ E N. Deterministic non-periodic flow[J]. Journal of the atmospheric sciences, 1963, 20(2): 130-141.

[10] POINCARÉ H．科学与方法[M]．郑太朴，译．上海：商务印书馆，1933．

[11] POINCARÉ H．科学的价值[M]．北京：光明日报出版社，1988．

[12] ROBINSON R C．动力系统导论[M]．韩茂安，邢业朋，毕平，译．北京：机械工业出版社，2007．

[13] 郝柏林．从抛物线谈起：混沌动力学引论[M]．上海：上海科技教育出版社，1993．

[14] DUFFING G. Erzwungene schwingungen bei veranderlicher Eigenfrequnz[M]. Vieweg and Sohn, Braunschweig, 1918.

[15] VAN DER POL B. The nonlinear theory of electric oscillations[J]. Proceedings of the institute of radio engineers, 1934, 22(9): 1051-1086.

[16] LYAPUNOV A M, RABINOVICH M I. Chaos theory[J]. Science, 1993, 260 (5111): 1173.

[17] ANDRONOV A A, PONTRYAGIN L. Systemes grossiers[J]. Doklady akademii nauk sssr, 1937, 14(5): 247-251.

[18] SMALES S. Diffeomorphisms with many periodic point[J].Matematika, 1967, 88-106

[19] RUELLE D, TAKENS F. On the nature of turbulence[J]. Communications in mathematical physics, 1971, 20(3): 167-192.

[20] FEIGENBAUM M J. Quantitative universality for a class of nonlinear transformations[J]. Journal of statistical physics, 1978, 19(1): 25-52.

[21] UEDA Y. Strange attractors and the rorigin of chaos[M]. Singapore: World Scientific Publishing, 1992.

[22] LI T Y, YORKE J A. Period three implies chaos[J]. American mathematical monthly, 1975, 82: 985-992.

[23] 关新平，范正平．混沌控制及其在保密通信中的应用[M]．北京：国防工业出版社，2002．

[24] RÖSSLER O E. An equation for hyperchaos[J]. Physics Letters A, 1979, 71(2-3): 155-157.

[25] WANG G Y, ZHANG X, ZHENG Y, et al. A new modified hyperchaotic Lü system[J]. Physica A, 2006, 371(2): 260-272.

[26] CHEN A, LU J, LÜ J, et al. Generating hyperchaotic Lü attractor via state feedback control[J]. Physica A, 2006, 364: 103-110.

[27] HAERI M, DEHGHANI M. Impulsive synchronization of Chen's hyperchaotic system[J]. Physics letters A, 2006, 356(3): 226-230.

[28] WU X Q, WANG J J, LÜ J A, et al. Hyperchaotic behavior in a non-autonomous unified chaotic system with continuous periodic switch[J]. Chaos, solitons and fractals, 2007, 32(4): 1485-1490.

[29] JIA Q. Hyperchaos generated from the Lorenz chaotic system and its control[J]. Physics letters A, 2007, 366(3): 217-222.

[30] BARBOZA R. Dynamics of a hyperchaotic Lorenz system[J]. International journal of bifurcation and chaos, 2007, 17(12): 4285-4294.

[31] MANDELBROT B B. Fractal aspects of the iteration of $z \to \lambda z(1-z)$ for complex λ and z [J]. Annals New York academy of sciences, 1980, 357(1): 249-259.

[32] PRITGEN H O, RICHTER P H. The beauty of fractals[M]. Berlin: Springer-verlag, 1986.

[33] CHEN G, UETA T. Yet another chaotic attractor[J]. International journal of bifurcation and chaos, 1999, 9(7): 1465-1466.

[34] LÜ J H, CHEN G R, CHENG D Z, et al. Bridge the gap between the Lorenz system and the Chen system[J]. International journal of bifurcation and chaos, 2002, 12(12): 2917-2926.

[35] OTT E, GREBOGI C, YORKE J A. Controlling chaos[J]. Physical review letters, 1990, 64(11): 1196-1199.

[36] DITTO W D, RAUSEO S N, SPANO M L. Experimental control of chaos[J]. Physical review letters, 1990, 65(26): 3211-3214.

[37] HUNT E R. Stabilizing high periodic orbits in a chaotic system: the diode resonator[J]. Physical review letters, 1991, 67(15): 1953-1955.

[38] HUBERMAN B A, LUMER E L. Dynamics of adaptive system[J]. IEEE transactions on circuits and systems, 1990, 37(4): 547-550.

[39] PYRAGAS K. Continuous control of chaos by self-controlling feedback[J]. Physics letters A, 1992, 170(6): 421-428.

[40] PYRAGAS K. Experiment control of chaos by delayed self-controlling feedback[J]. Physics letters A, 1993, 180(1-2): 99-102.

[41] BLEICH M, SOCOLAR S. Stability of periodic orbits control of chaos[J]. Physics letters A, 1996, 210(1): 87-94.

[42] 于洪洁，郑宁．半周期延迟-非线性反馈控制混沌[J]．物理学报，2007，56(7)：3782-3788.

[43] RAFIKOV M, BALTHAZAR J M. On an optimal control design for Rössler system[J]. Physics letters A, 2004, 333(3-4): 241-245.

[44] YASSEN M T. The optimal control of Chen chaotic dynamical system[J]. Applied mathematics and computation, 2002, 131(1): 171-180.

[45] 刘丁，钱富才，任海鹏，等．离散混沌系统的最小能量控制[J]．物理学报，2004，53(7)：2074-2079.

[46] EL-GOHARY A, SARHAN. Optimal control and synchronization of Lorenz system with complete unknown parameters[J]. Chaos, solitons and fractals, 2006, 30(5): 1122-1132.

[47] EL-GOHARY A. Optimal synchronization of Rossler system with complete uncertain parameters[J]. Chaos, solitons and fractals, 2006, 27(2): 345-355.

[48] CAI C, XU Z, XU W. Converting chaos into periodic motion by state feedback control[J]. Automatica, 2002, 38(11): 1927-1933.

[49] YASSEN M. Controlling chaos and synchronization for new chaotic system using linear feedback control[J]. Chaos, solitons and fractals, 2005, 26(3): 913-920.

[50] YAGASAKI K, YAMASHITA S. Controlling chaos using nonlinear approximations for a pendulum with feedforward and feedback control[J]. International journal of bifurcation and chaos, 1999, 9(1): 233-241.

[51] MOAROTT F R. Snap-back repellers imply chaos in R^n [J]. Journal of mathematical analysis and applications, 1978, 63(1): 199-223.

[52] BOCCALETTI S, GREBOGI C, LAI Y C, et al. The control of chaos: theory and applications[J]. Physics reports, 2000, 329(3): 103-197.

[53] FANG J Q, ALI M K. Nonlinear feedback control of spatiotemporal chaos in coupled map lattices[J]. Discrete dynamics in nature and society, 1998, 1(2): 283-305.

[54] ARAUJO A D, SINGH S N. Output feedback adaptive variable structure control of chaos in Lorenz system[J]. International journal of bifurcation and chaos, 2002, 12(3): 571-582.

[55] GE S S. Adaptive control of uncertain lorenz system using decoupled backstepping[J]. International journal of bifurcation and chaos, 2004, 14(4): 1439-1445.

[56] 龚礼华. 基于自适应脉冲微扰实现混沌控制的研究[J]. 物理学报，2005，54(8)：3502-3507.

[57] HUA C, GUAN X. Adaptive control for chaotic systems[J]. Chaos, solitons and fractals, 2004, 22(1): 103-110.

[58] LI Z, CHEN G, SHI S, et al. Robust adaptive tracking control for a class of uncertain chaotic systems[J]. Physics letters A, 2003, 310(1): 40-43.

[59] PETROV V, MICHAEL F C, SHOWALTER K. An adaptive control algorithm for tracking unstable periodic orbits[J]. International journal of bifurcation and chaos, 1994, 4(5): 1311-1317.

[60] PECORA L A, CARROLL T L. Synchronization in chaotic systems[J]. Physical review letters, 1990, 64(8): 821-824.

[61] LU J Q, CAO J D. Adaptive complete synchronization of two identical or different chaotic(hyperchaotic) systems with fully unknown parameters[J]. Chaos, 2005, 15(4): 043901.

[62] ZHAN M, WANG X G, GONG X F, et al. Complete synchronization and generalized synchronization of one-way coupled time-delay systems[J]. Physical review E, 2003, 68(9 Pt 2): 036208.

[63] ROSENBLUM M G, PIKOVSKY A S, KURTHS J. Phase synchronization of chaotic oscillators[J]. Physical review letters, 1996, 76(11): 1804-1807.

[64] BLASIUS B, HUPPERT A, STONE L. Complex dynamics and phase synchronization inspatially extended ecological systems[J]. Nature, 1999, 399(6734): 354-359.

[65] MAINIERI R, REHACEK J. Projective synchronization in three-dimensional chaotic systems[J]. Physical review letters, 1999, 82(5): 3042-3045.

[66] LI C G, CHEN L N, AIHARA K. Stochastic Synchronization of genetic oscillator networks[J]. BMC systems biology, 2007, 1(6): 1752-1758.

[67] BROWN R, KOCAREV L A. Unifying definition of synchronization for dynamical systems[J]. Chaos, 2000, 10(2): 344-349.

[68] HONG Y, QIN H, CHEN G. A daptive synchronization of chaotic systems via state or output feedback control[J]. International journal of bifurcation and chaos, 2001, 11(4): 1149-1158.

[69] HU J, CHEN S, CHEN L. Adaptive control for anti-synchronization of Chua's chaotic system[J]. Physics letters A, 2005, 339(6): 455-460.

[70] SUN Y, CAO J. Adaptive lag synchronization of unknown chaotic delayed neural networks with noise perturbation[J]. Physics letters A, 2007, 364(3-4): 277-285.

[71] TANAKA K, IKEDA T, WANG H. A unified approach to controlling chaos via an LMI-based fuzzy control system design[J]. IEEE transactions on circuits and systems I, 1998, 45(10): 1021-1040.

[72] KHADRA A, LIU X, SHEN X. Impulsively synchronizing chaotic systems with delay and applications to secure communication[J]. Automatica, 2005, 41(9): 1491-1502.

[73] LIU B, LIU X, CHEN G, et al. Robust impulsive synchronization of uncertain dynamical networks[J]. IEEE transactions on circuits and systems I, 2005, 52(7): 1431-1441.

[74] YANG Y, CAO J. Exponential lag synchronization of a class of chaotic delayed neuralnetworks with impulsive effects[J]. Physica A, 2007, 386(1): 492-502.

[75] ZHOU J, CHEN T, XIANG L. Robust synchronization of delayed neural networks based on adaptive control and parameters identification[J]. Chaos, solitons and fractals, 2006, 27(4): 905-913.

[76] LI W, CHEN G R. Using white noise to enhance synchronization of coupled chaotic systems[J]. Chaos, 2006, 16(1): 013134.

[77] HAERI M, TAVAZOEI M S, NASEH M R. Synchronization of uncertain chaotic systems using active sliding mode control[J]. Chaos, Solitons & Fractals, 2007, 33(4): 1230-1239.

[78] CAO J, WANG Z, SUN Y. Synchronization in an array of linearly stochastically coupled networks with time delays[J]. Physica A, 2007, 385(2): 718-728.

[79] TAO C, DU D H. Determinate relation between two generally synchronized spatiotemporal chaotic systems[J]. Physics letters A, 2003, 311(2): 158-164.

[80] KOCAREV L, PARLITZ U. General approach for chaotic synchronization with applications to communication[J]. Physical review letters, 1995, 74(25): 5208-5031.

[81] PYRAGAS K. Predictable chaos in slightly perturbed unpredictable chaotic systems[J]. Physics letters A, 1993, 181(3): 203-210.

[82] JIANG G, CHEN G, TANG K. A new criterion for chaos synchronization using linear state feedback control[J]. International journal of bifurcation and chaos, 2003, 13(8): 2343-2351.

[83] LÜ J H, ZHOU T S, ZHANG S C. Chaos synchronization between linearly coupled chaotic systems[J]. Chaos, solitons and fractals, 2002, 14(4): 529-541.

[84] LI T Y, YORKE J A. Period three implies chaos[J]. American Mathematical Monthly, 1975, 82(10): 985-992.

[85] DEVANEY R. An introduction to chaotic dynamical systems[M]. New York: Addison-wesley publishing company, 1989.

[86] 陈关荣，汪小帆．动力系统的混沌化：理论、方法与应用[M]．上海：上海交通大学出版社，2006.

[87] LIMA R, PETTINI M. Suppression of chaos by resonant parametric perturbations[J]. Physics review A, 1990, 41(2): 726-733.

[88] BRAIMAN Y, GOLDHIRSCH I. Taming chaotic dynamics with weak periodic perturbations [J]. Physics review letters, 1991, 66(20): 2545-2548.

[89] HSU R R, SU H T, CHERN J L, et al. Conditions to control chaotic dynamics by weak periodic perturbation[J]. Physics review letters, 1997, 78(15): 2936-2939.

[90] JACKSON E A. The entrainment and migration controls of multiple attractor systems[J]. Physics letters A, 1990, 151(9): 478-484.

[91] 谌龙，王德石．陈氏混沌系统的非反馈控制[J]．物理学报，2007，56(1)：91-94.

[92] 汪小帆，李翔，陈关荣．复杂网络理论及其应用[M]．北京：清华大学出版社，2006.

[93] 赵明，汪秉宏，陈关荣．复杂网络上动力系统同步的研究进展[J]．物理学进展，2005，25(3)：273-295.

[94] WATTS D J, STROGATZ S H. Collective dynamics of “small-world” networks[J]. Nature, 1998, 393(6684): 440-442.

[95] BARABASI A, ALBERT R. Emergence of scaling in random networks[J]. Science, 1999, 286: 509-512.

[96] WINFREE A T. Biological rhythms and behavior of populations of coupled oscillators[J]. Journal of theoretical biology, 1967, 16(1): 15-42.

[97] KURAMOTO Y. Chemical oscillators, waves and turbulence[M]. Singapore: Springer-Verlag, 1984.

[98] WU C W, CHUA L O. A unified framework for synchronization and control of dynamical systems[J]. International journal of bifurcation and chaos, 1994, 4(04): 979-998.

[99] WENNEKERS T, PASEMANN F. Generalized types of synchronization in networks of spiking neurons[J]. Neurocomputing, 2001, 38-40: 1037-1042.

[100] BUCOLO M, FAZZINO S, LA ROSA M, et al. Small-world networks of fuzzy chaotic scillators[J]. Chaos, solitons and fractals, 2003, 17(2): 557-565.

[101] WANG L, DAI H P, DONG H, et al. Adaptive synchronization of weighted complex dynamical networks with coupling time-varying delays[J]. Physics letters A, 2008, 372(20): 3632-3639.

[102] WANG X F, CHEN G R. Complex networks: small-world, scale-free and beyond[J]. IEEE circuits and systems magazine, 2003, 3(1): 6-20.

[103] LI K, LAI C H. Adaptive-impulsive synchronization of uncertain complex dynamical networks[J]. Physics letters A, 2008, 372(10): 1601-1606.

[104] BARAHONA M, PECORA L M. Synchronization in small-world systems[J]. Physics review letters, 2004, 89(5): 054101.

[105] PECORA L M, CAROLL T L. Master stability function for synchronized coupled systems[J]. Physics review letters, 1998, 80(10): 2109-2112.

[106] MATSKIV I, MAISTRENKO Y, MOSEKILDE E. Synchronization between interacting ensembles of globally coupled chaotic map[J]. Physica D: nonlinear phenomena, 2004, 199(1): 45-60.

[107] CHEN L, LÜ J, LU J, HILL D. Local asymptotic coherence of time-varying discrete ecological networks[J]. Automatica, 2009, 45(2): 546-552.

[108] BELYKH I V, BELYKH V N, HASLER M. Connection graph stability method for synchronized coupled chaotic systems[J]. Physica D: nonlinear phenomena, 2004, 195(1-2): 159-187.

[109] WANG W, SLOTINE J J. On partial contraction analysis for coupled nonlinear oscillators[J]. Bidogical cybernetics, 2005, 92(1): 38-53.

[110] ATAY F M, BIYIKOGLU T. Graph operation and synchronization of complex networks[J]. Physical review E, Statistical, nonlinear, and soft matter physic, 2005, 72(1 Pt 2): 016217.

[111] XU D G, LI Y J, WU T J. Improving consensus and synchronizability of networks of coupled systems via adding links[J]. Physica A, 2007, 382(2): 722-730.

[112] WANG X F, CHEN G. Synchronization in small-world dynamical networks[J]. International journal of bifurcation and chaos, 2002, 12(01): 187-192.

[113] LI X, WANG X F. Feedback control of scale-free coupled Henon maps[C]//Eighth international conference on control, autormation, robotics and vision, Kunming, 2004, 574-578.

[114] LI C P, SUN W G, KURTHS J. Synchronization between two coupled complex networks[J]. Physical review E, Statistical, nonlinear, and soft matter physic, 2007, 76(4 Pt 2): 046204.

[115] LU W L, CHEN T P. New approach to synchronization analysis of linearly coupled ordinary differential systems[J]. Physica D nonlinear phenomena, 2006, 213(2): 214-230.

[116] LI Z, CHEN G R. Robust adaptive synchronization of uncertain dynamical networks[J]. Physics letters A, 2004, 324(2-3): 166-178.

[117] WANG X F, CHEN G R. Pinning control of scale-free dynamical networks[J]. Physica A, 2002, 310(3-4): 521-531.

[118] LIU B, LIU X Z, CHEN G R, et al. Robust impulsive synchronization of uncertain dynamical networks[J]. IEEE transactions on circuits and systems I, 2005, 52(7): 1431-1441.

[119] KHAILIL H K. 非线性系统 [M]. 朱义胜，董辉，李作洲，等译. 3 版. 北京：电子工业出版社，2005.

[120] 郑大钟. 线形系统理论[M]. 北京：清华大学出版社，2002.

[121] 席裕庚. 动态大系统方法导论[M]. 北京：国防工业出版社，1988.

[122] 李水根. 分形[M]. 北京：高等教育出版社，2004.

[123] 刘树堂，张永平. 复系统 Julia 集的同步[J]. 物理学报，2005，57(2)：737-742.

[124] MANDELBROT B. How long is the coast of Britain?[J]. Science, 1967, 156(3775): 636-638.

[125] 陈纪修，邱维元. 数学分析课程中的一个反例：处处连续处处不可导的函数[J]. 高等数学研究，2006，9(1)：2-5.

[126] 朱华，姬翠翠. 分形理论及其应用[M]. 北京：科学出版社，2011.

[127] HAUSDORFF F. Dimension und aussers Mass[J]. Mathematische. Annalen, 1919, 79: 157-179.

[128] 谢和平，薛秀谦. 分形应用中的数学基础与方法[M]. 北京：科学出版社，1997.

[129] 肯尼思•法尔科内. 分形几何：数学基础及其应用[M]. 曾文曲，刘世耀，戴连贵，等译. 沈阳：东北大学出版社，1993.

[130] ARGYRIS J, KARAKASIDIS T E, ANDREADIS I. On the Julia set of the perturbed Mandelbrot map[J]. Chaos, solitons & fractals, 2000, 11(13): 2067-2073.

[131] ARGYRIS J, KARAKASIDIS T E, ANDREADIS I. On the Julia set of a noise-perturbed Mandelbrot map[J]. Chaos, solitons & fractals, 2002, 13(2): 245-252.

[132] NEGI A, RANI M. A new approach to dynamic noise on superior Mandelbrot set[J]. Chaos, solitons & fractals, 2008, 36(4): 1089-1096.

[133] ZHANG Y P, LIU S T. Gradient control and synchronization of Julia sets[J]. Chinese physies B, 2008, 17(2): 543-549.

[134] 张永平. 分形的控制与应用[D]. 济南：山东大学，2008.

[135] 孙洁，刘树堂，乔威. 广义 Julia 集的参数辨识[J]. 物理学报，2011，60(7)：070510-070518.

[136] LEIPNIK R B, NEWTON T A. Double strange attractors in rigid body motion with linear feedback control[J]. Physics letters A, 1981, 86(2): 63-67.

[137] DIBAKAR G, SIKHA B. Projective synchronization of new hyperchaotic system with fully unknown parameters[J]. Nonlinear dynamics, 2010, 61(1-2): 11-21.

[138] 梅生伟，申铁龙，刘康志．现代鲁棒控制理论与应用[M]．2 版．北京：清华大学出版社，2008.

[139] STROGATZ S H. Exploring complex networks[J]. Nature, 2001, 410(8): 268-276.

[140] NEWMAN M. The structure and function of complex networks[J]. SIAM review, 2003, 45(2): 167-256.

[141] 韩定定．复杂网络的拓扑、动力学行为及其实证研究[D]．上海：华东师范大学，2008.

[142] ERDÖS P, RÉNYI A. On the evolution of random graphs[J]. Transactions of the american mathematical society, 1960, 5: 17-61.

[143] WANG X, CHEN G. Synchronization in scale-free dynamical networks: robustness and fragility[J]. IEEE Transactions on Circuits and Systems-I, 2002, 49(1): 54-62.

[144] LI C, CHEN G. Synchronization in general complex dynamical networks with coupling delays[J]. Physica A, 2004, 343(15): 263-278.

[145] LI X, WANG X F, CHEN G. Pinning a complex dynamical networks to its equilibrium[J]. IEEE transactions circuit system-I, 2004, 51(10): 2074-2087.

[146] LÜ J H, YU X H, CHEN G. Chaos synchronization of general complex dynamical network[J]. Physica A, 2004, 334(1-2): 281-302.

[147] LU W L, CHEN T P. Synchronization analysis of linearly coupled networks of discrete time systems[J]. Physica D, 2004, 198(1-2): 148-168.

[148] GU Y Q, SHAO C, FU X C. Complete synchronization and stability of star-shaped complex networks[J]. Chaos, solitons and fractals, 2006, 28(2): 480-488.

[149] LÜ J H, CHEN G R. A time-varying complex dynamical network model and its controlled synchronization criteria[J]. IEEE transactions on automatic control, 2005, 50(6): 841-846.

[150] 吕金虎．复杂网络的同步：理论、方法、应用与展望[J]．力学进展，2008，38(6)：713-722.

[151] LI X, CHEN G. Synchronization and desynchronization of complex dynamical networks: an engineering viewpoint[J]. IEEE transactions on circuits and systems I, 2003, 50(11): 1381-1390.

[152] CHEN T P, LIU X W, LU W L. Pinning complex networks by a single controller[J]. IEEE transactions circuit system-I, 2007, 54(6): 1317-1326.

[153] PODLUBNY I. Fractional differential equation[M]. San Diego: Academic press, 1999.

[154] LI C G, CHEN G R. Chaos and hyperchaos in the fractional-order Rossler equations[J]. Physica A, 2004, 34(1): 55-61.

[155] HALDUN M. Digital computation of the fractional fourier transform[J]. IEEE Transactions on signal processing, 1996, 44(9): 2141-2150.

[156] DUARTE F B M, TENREIRO M J A. Pseudoinverse trajectory control of redundant manipulators: A fractional calculus perspective[C]//Proceedings of the 2002 IEEE international conference on robotics and automation, Washington, 2002: 2406-2411.

[157] KOH C G, KELLY J M. Application of fractional derivatives seismic analysis of based-isolated model[J]. Earthquake engineering and structural dynamics, 1990, 19(2): 229-241.

[158] 薛定宇，陈阳泉．控制数学问题的 MATLAB 求解[M]．北京：清华大学出版社，2007.

[159] DIETHELM K, FORD N J, FREED A D, et al. Algorithms for the fractional calculus: A selection of numerical methods[J]. Computer methods in applied mechanics and engineering, 2005, 194(6-8): 743-773.
[160] MOZE M, SABATIER J. LMI tools for stability analysis of fractional systems[C]//Proceedings of the ASME 2005 international design engineering technical conference and computer and information in engineering conference, Long Beach, 2005: 1-9.
[161] 刘崇新．分数阶混沌电路理论与应用[M]．西安：西安交通大学出版社，2011.
[162] XU W, WANG L, RONG H, et al. Analysis for the stabilizations of impulsive control Liu's system[J]. Chaos, solitions and fractals, 2009, 42(2): 1143-1148.
[163] 陈向荣，刘崇新，王发强，等．分数阶 Liu 混沌系统及其电路实验的研究与控制[J]．物理学报，2008，57(3)：1416-1422.
[164] LU J H, CHEN G. A new chaotic attractor coined[J]. International journal of bifurcation and chaos, 2002, 12(3): 659-661.
[165] 武相军，王兴元．分数阶 Lü 系统中的混沌及其控制[J]．计算机科学，2007，34(12)：204-210.
[166] 马军海，陈予恕．一类非线性金融系统分岔混沌拓扑结构与全局复杂性研究(I)[J]．应用数学与力学，2001，22(11)：1119-1128.
[167] 马军海，陈予恕．一类非线性金融系统分岔混沌拓扑结构与全局复杂性研究(II)[J]．应用数学与力学，2001，22(12)：1236-1242.
[168] 马军海，陈予恕．一类非线性金融系统分岔分析与全局复杂性研究(III)[J]．天津大学学报，2003，36(2)：234-238.
[169] QIN G, MA J H. Chaos and Hopf bifurcation of a finance system[J]. Nonlinear Dynamics, 2009, 58(1): 209-216.
[170] 周孝华，李尚南．一类金融混沌系统的控制方法[J]．财经论丛，2007(3)：40-45.
[171] 黄登仕，李后强．非线性经济学的理论和方法[M]．成都：四川大学出版社，1993.
[172] 罗登跃．基于非线性混沌动力学模型的宏观经济系统运行实证分析[J]．数量经济技术经济研究，2004，21(10)：136-140.
[173] 朱少平，杨殿学．一类金融混沌系统的线性反馈控制[J]．统计与信息论坛，2009，24(11)：13-16.
[174] LORENZ H W, NUSSE H E. Chaotic attractors, chaotic saddles, and fractal basin boundaries: goodwin's nonlinear accelerator model reconsidered[J]. Chaos, solitons and fractals, 2002, 13(5): 957-965.
[175] 徐争辉，刘友金，肖雁飞，等．一类投资模型混沌现象的自适应反馈控制[J]．系统工程，2009，27(7)：34-38.
[176] 刘静岩，韩文秀．房地产投资泡沫的 OGY 混沌控制策略[J]．系统工程，2002，20(3)：41-43.
[177] 刘静岩，韩文秀．房地产投资的混沌同步研究[J]．天津大学学报，2002，35(5)：586-588.
[178] 程国平，汪波，岳毅宏．房地产投资系统动力学模型的建立及其长期演化行为研究[J]．系统工程理论与实践，2003，23(10)：65-68，80.
[179] 姚洪兴，王国栋．一类房地产投资模型的复杂性分析[J]．统计与决策，2008(1)：55-57.
[180] YASSEN M T. Adaptive chaos control and synchronization for uncertain new chaotic dynamical system[J]. Physics letters A, 2006, 350(1-2): 36-43.
[181] 李农，李建芬，刘宇平．不确定混沌系统的反同步与参数辨识[J]．物理学报，2010，59(9)：5954-5958.